圖解系列

圖解

五南圖書出版公司 印行

全球暖化之危機與轉機

張泉湧 / 著

閱讀文字

理解內容

觀看圖表

圖解讓
了解暖化之
危機與轉機
更簡單

作者簡介

作者簡介

作者於2015年6月初攝於紐西蘭南阿爾卑斯山附近

作者／張泉湧

學歷／社頭初中第1屆、員林高中17屆、文化大學氣象學學士（6屆）及碩士（民
　　　國66年）、民國79年日本東京大學理學博士

考試／民國63年民航局甄選考試及格、民國80年教育部審查合於副教授資格、民
　　　國91年考試院簡任升等考及格

經歷／民國62年中華民國海軍預備軍官少尉氣象官一年

　　　民用航空局飛航服務總臺氣象觀測員、預報員、主任氣象員

　　　交通部民用航空局供應組技正、簡任技正、副組長、組長

　　　國立臺灣師範大學理學院地球科學系、國立臺北教育大學自然科學教育學系、

　　　實踐大學應用英文系及私立中國文化大學大氣系與地學研究所兼任副教授

專長／大氣動力學、中尺度氣象學、數值模擬、氣候學

著作／普通氣象學（國立編譯館出版）

　　　中尺度氣象學（國立編譯館主編、鼎文書局總經銷）

　　　豪雨與豪雪之氣象學（國立編譯館與五南圖書出版公司合作出版）

　　　全球氣候變遷－危機與轉機（國家教育研究院主編、五南圖書出版公司發行）

　　　圖解大氣科學（五南圖書出版公司發行）

作者序

作者序

　　作者於1987年服務於交通部民用航空局期間，有幸蒙國科會資助赴日本東京大學進修3年，再自費延長半年後獲理學博士學位，進修期間，美籍日裔氣象博士眞鍋淑郎（Syukuro Manabe）曾多次回東大演講，他是2021三位同獲諾貝爾物理學獎者之一，眞鍋博士研發氣候模式以模擬大氣中二氧化碳濃度增加如何導致地表升溫之議題，現年已逾90歲的眞鍋淑郎，自1960年代起即開始研究溫室效應問題，1969年率先發表「大氣、海洋結合模型」，被美國媒體稱爲「溫室效應之父」。

　　眞鍋博士氣候模式在東大也有助教及研究生用來研究，我也聽過眞鍋他們演講幾次，雖抱有高度興趣，但不適合本人申請國科會出國研究飛航氣象之目的。回國後因緣際會曾在國立臺北教育大學兼課講授「全球氣候變遷」課程，感於國內教材貧乏，乃申請教育部國立編譯館補助，編輯《全球氣候變遷──危機與轉機》一書，完成後於2011年由五南圖書出版公司發行。2012年6月發行初版2刷並銷售一空，教育部乃改發行電子版，並含點字書。由於近年全球暖化造成全球極端氣候更加劇烈與頻繁，作者乃常思考重新再編輯相關著作，希望喚起各界更加重視，並曾多次爲文發表「習近平的中國新時代亟需治理汙染三高」之類媒體社論，希望喚起排碳第一大國能節制。

　　將全球氣溫增幅控制在比工業化前高1.5℃的目標仍有機會實現，但這扇窗目前正迅速關閉中。據聯合國政府間氣候變遷專門委員會最新評估，全球已暖化升溫1.1℃，已明顯頻繁招致全球極端天候災難，美國NOAA宣布2021年7月是地球有記錄以來最熱的月份。第26屆聯合國氣候變遷大會格拉斯哥突破議程（Glasgow Breakthroughs Agenda）將加速政府、企業和民間社會之間的合作，以更快地實現氣候目標，其中以能源、電動汽車、航運和大宗商品領域的合作理事會和對話將有助於兌現承諾。

　　以臺灣爲例，世界銀行在一份針對各國天然災害風險的評估報告中，曾將我國列入受害最嚴重的地區之一；也就是約有73%的臺灣人同時面臨3種以上的自然災害威脅。但臺灣在未來綠色革命時代占盡優勢，很有潛力從資訊科技邁入能源

科技，如果轉變成綠色環保科技島，生產商品更能獲得認同，全球氣候暖化氣候災難是臺灣的危機也可能是轉機。其實異常劇烈氣候造成災難全球隨時隨地上演，影響全球各地日益嚴重，導致的衝擊已成為全球高度關切議題，不論貧富，沒有人能從劇烈氣候天災的影響免疫。

解決全球暖化與氣候劇烈變遷議題，需利用氣候資源協助節能減碳，為讓國人能體認氣候劇烈變遷的嚴峻課題，建議政府與社會各界儘速從小培養國人減碳愛地球觀念，尤其大學各學科如何將地球永續觀念融入課程，使成為大學生必備的基本素養，成為拯救地球菁英，實踐社會責任人才。

作者約兩年前就想將拙著《全球氣候變遷——危機與轉機》一書改版，唯因近年與死神擦身而過兩次，身體健康亮紅燈陸續出狀況，無法順利完成所願；目前健康狀況和緩許多，利用在家療養期間加速趕稿才得以完成；衷心感謝家人不離不棄細心照顧、更該感謝慈濟、榮總及臺大醫院醫療團隊為作者多次住院期間，不眠不休全力搶救，以及冥冥中無形力量助我渡過生死難關，並完成本書的心願。也要感謝五南文化事業機構工作團隊，克服萬難，完成本書最繁雜且艱困的繪圖與製表工作。

最後要感謝所有教過我氣象學的老師們，尤其在日本三年半期間，東京大學海洋研究所海洋氣象部門的三位老師，淺井冨雄博士、木村龍治博士及吉崎正憲博士，耐心指導我完成博士論文與氣象學知識。

本書雖有七篇共68章，讀者若因太忙可以挑選喜好篇章先閱讀，有空後慢慢再細讀全書，最後希望讀者閱後，對全球暖化與氣候變遷議題更加了解，對所從事之工作、研究與日常生活都能獲得實質助益，尤其對緩解地球危機能有所幫助甚至獲得轉機。

張泉湧

2022年7月於新北市新店區

作者序

第1章
認識地球大氣的奧祕

1-1 地球大氣的組成特殊，含有氧氣和臭氧層

　　要了解全球氣候變遷，首要探討我們所居住的地球大氣，它實際已經歷過原始大氣、次生大氣和現在大氣等三代。現在大氣中大約有80%是氮氣，20%是氧氣，其他氣體的總和只占約1%，這些微量氣體包括：氬氣、二氧化碳、氖氣、臭氧、氫氣、水氣及不定數量的其他氣懸粒子。

　　二氧化碳在初始大氣中占有很大的分量，但由於光合作用的發展，碳大量的被用來構成生物體，部分則溶於海中，成為海洋生物發展的物質。當大氣中的二氧化碳較多時，溶解到海水體中的二氧化碳就相對增多。現在大氣中的主要成分為氮，但原始大氣或火山噴發中，氮成分並不多。氮的增多主要原因：1.氮的化學性質很不活躍，不太容易同其他物質化合，多呈游離狀態存在；2.氮在水中的溶解度很低，相當於二氧化碳的1/7，所以大多以游離狀態存在大氣中。

　　由於二氧化碳的減少，初始水汽又大部分變成液態水，成為今天的水圈，相對來說，氮和氧的比例就增多了，今天氮有這麼多，是和氮本身的特性有關。當然氮也進行著迴圈，一些根瘤菌可以吸收氮，使得一部分氮參加到生物迴圈裏去，這些物質在腐爛分解後，又放出游離的氮；也有一小部分氮進入地殼的硝酸鹽中。氮雖參加迴圈，但大部分呈游離狀態存在，相對來說，它的數量在增多，以致成為現在大氣中的主要成分。

　　水氣是天氣變化的主角，它飽和時會凝結成水滴或冰晶，造成雲、雨、雪等天氣現象。而大氣中的水氣、二氧化碳和甲烷等增加時，吸收地表紅外線輻射也會增加，長期累積後會使大氣溫度節節上升，造成今日全球暖化問題。

　　在地球大氣中，擁有由植物生成、而在金星與火星大氣中缺乏的氧氣，在約30～40公里的高空，氧氣與太陽紫外線反應產生臭氧並聚集形成臭氧層。在平流層內的臭氧層吸收陽光中99%的紫外線，並加熱高層大氣與對流層不同，在20公里以上高層，溫度是隨著高度而增加的，直到中氣層才又開始隨高度增加而遞減。而金星和火星99%都由二氧化碳所組成，沒有氧氣、更沒有臭氧層吸收紫外線加熱高層大氣，因此金星和火星的大氣溫度都隨著高度增加而遞減。

　　大氣中的各種成分在雷電作用和強烈的紫外線照射，海洋中逐漸產生簡單的有機物質（如胺基酸、核酸）後，逐漸合成複雜的有機物，海洋中乃開始有生命出現，接著有了構造複雜的蛋白質生命現象，簡單的生物出現以攝取海洋中現成的有機物為食物，稱為異營性生物，地球逐漸冷卻，雷電作用減少，水中的有機物質日漸減少，生物開始缺乏食物來源，於是自營性的綠色植物出現，進行光合作用，自行製造養分。行光合作用的綠色植物出現後，大氣中的氧氣漸增，二氧化碳漸少，終於形成現今以氮氣占78%和氧氣占21%為主的大氣。

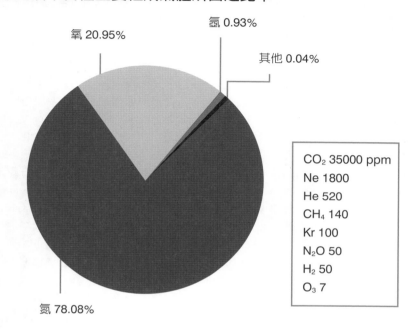

地球大氣中各種主要組成氣體所占之比率

氧 20.95%

氬 0.93%

其他 0.04%

氮 78.08%

| CO_2 35000 ppm |
| Ne 1800 |
| He 520 |
| CH_4 140 |
| Kr 100 |
| N_2O 50 |
| H_2 50 |
| O_3 7 |

地球低層各種主要大氣成分的容積百分比

固定成分			變動成分		
成分	符號	容積百分比	成分	符號	容積百分比
氮	N_2	78.08	水氣	H_2O	0～4
氧	O_2	20.95	二氧化碳	CO_2	0.035
氬	Ar	0.93	甲烷	CH_4	0.00017
氖	Ne	0.0018	氮	N_2	00.00003
氦	He	0.0005	臭氧	O_3	0.000004
氫	H_2	0.00005			

1-2 地球大氣的垂直結構(1)：對流層頂不斷往上升平流層則變薄

　　地球大氣是最爲我們所熟悉的，大氣圈覆蓋著地球，它不但提供我們所必須的空氣，並且影響太陽日照和氣溫、濕氣和空氣流動，從而決定天氣。因爲地心吸力，空氣大多密集積聚於地表附近。離地面愈遠，空氣會愈少愈稀薄，因此氣壓愈低。簡單說，大氣圈的厚度約爲1,000公里，由於不同因素，空氣的溫度並非隨高度不斷下降，而是呈現交替下降和上升，形成4個不同溫度層的大氣結構。依溫度變化，自下而上地球大氣可分成4層：1.大氣邊界層與對流層、2.平流層、3.中氣層及4.增溫層。

　　1. 大氣邊界層（Atmospheric boundary layer）與對流層：在對流層下方離地面1.2～1.5公里範圍內的薄層大氣，稱爲**大氣邊界層**或**行星邊界層**（Planetary boundary layer）。因貼近地面，空氣運動受地面摩擦作用影響，又稱**摩擦層**（friction layer）。從地面到10～18公里高度處，大氣對流旺盛，稱爲對流層，是人類活動和賴以生存的主要空間，它蘊含著整個大氣層約75%的質量，以及幾乎所有的水蒸汽及氣溶膠。大氣溫度隨高度變化明顯，平均而言，地面附近的氣溫大約爲15℃，往上逐漸降低，至10～18公里高度溫度降到－60～－80℃。對流層空氣密度最大，水氣含量豐，氣溫隨高度遞減（－6.5℃/km）。對流層的厚度，熱帶地區約17公里，中緯度地區約10公里，而極地地區則約7公里。地面氣溫平均約15℃，對流層頂氣溫平均約－55℃（在赤道約－75℃，極地約－45℃）。這種下暖上冷的溫度結構容易發生對流運動，因此離地十幾公里範圍內是風、雲及雪等天氣變化發生區，幾乎所有雲雨及風暴現象都限於對流層內，僅少數極強的雷暴可暫突破對流層頂。

　　2. 平流層（stratosphere）：對流層頂向上延伸到50公里高處爲平流層，這一層由於臭氧吸收太陽輻射，大氣溫度隨高度增加而逐漸升高。平流層極少有雲，飛機通常在平流層飛行，以避開大氣對流的干擾，此層溫度起初略呈穩定，其後往上遞增，至氣溫達極大值，即**平流層頂**（stratopause）爲止。平流層頂距地面約50公里，溫度約0℃。下冷上暖的溫度結構導致空氣對流不易發生，但水平運動所受影響較小，故稱爲平流層。由於缺乏垂直運動及水氣，常爲晴空偶爾有貝母雲雨出現。平流層的上部是臭氧濃度的集中區，平流層頂的相對高溫正是臭氧吸收太陽輻射的結果。

　　人類不斷排放大量溫室氣體正在改變大氣層結構，2021年加拿大多倫多大學發表利用探空氣球觀測研究，北半球自1980～2020年的數據顯示，**對流層頂正不斷以每10年50～60公尺的速度上升，平均上升了200公尺**；2021年《環境研究通訊》科學期刊發表研究，發現**平流層自1980年代以來，已經變薄了400公尺**，若人類沒有大規模減排，平流層在2080年時預計會再變薄1公里。很可能影響人造衛星、GPS導航與無線電通訊的運作。

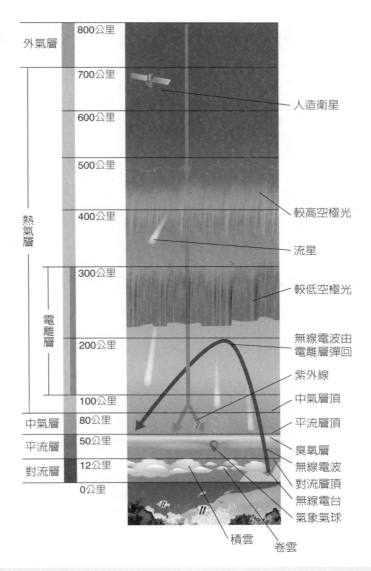

外氣層

800公里

700公里 ──── 人造衛星

600公里

500公里

熱氣層

400公里 ──── 較高空極光

300公里 ──── 較低空極光

電離層

200公里 ──── 無線電波由電離層彈回

──── 紫外線

100公里 ──── 中氣層頂

中氣層　80公里 ──── 平流層頂

平流層　50公里 ──── 臭氧層

──── 無線電波

對流層　12公里 ──── 對流層頂

──── 無線電台

──── 氣象氣球

0公里

流星

積雲　　卷雲

大氣層模型：對流層自地面算起只有12公里厚，但卻含有75%全部大氣氣體，還有大量的水汽和塵埃。當太陽加熱大地時，會使得對流層內稠厚的混合物產生上下運動，因而形成天氣。對流層在靠近地表面處溫度最高，氣溫隨高度遞減，到對流層頂溫度最低。對流層頂的高度並非固定，赤道上方約18公里，南、北緯50°處約9公里，兩極約只有6公里。2021年加拿大多倫多大學，利用探空氣球觀測研究北半球自1980～2020年的對流層頂正不斷以每10年50～60公尺的速度上升。《環境研究通訊》科學期刊則發表研究發現，平流層自1980年代以來，已經變薄了400公尺，若人類沒有大規模減排，平流層在2080年時預計會再變薄1公里，很可能影響人造衛星、GPS導航與無線電通訊的運作。

1-3 地球大氣的垂直結構(2)：中氣層與增溫層

　　3. **中氣層**（mesosphere）：從平流層頂起至約90公里左右為中氣層，溫度向上遞減。中氣層頂的溫度極低，約−85～−100℃，是整個地球環境中最冷之處。這種溫度結構使空氣不穩定，對流以及較強的亂流都可能發生。不過中氣層水氣極為稀薄，因而不見雲雨，但偶有所謂「夜光雲」出現。由於此層高於飛機可達之高度，卻又低於循地球軌道運轉的航空器（如太空梭、人造衛星），目前唯一可用來探測的只有探空火箭，因此，科學界目前對中氣層的特性所知不多，有時戲稱為「無知層」。

　　4. **增溫層或熱氣層**（thermosphere）：中氣層頂之上稱為增溫層，溫度逐漸往上遞增，直至攝氏數千度，故又稱為熱氣層。此層因受高能量的短波紫外線游離作用，溫度向上遞增，但因空氣極為稀薄，實際熱量相當低，無明顯層頂。增溫層溫度和太陽活動直接相關，在400公里高度上溫度是均勻的。**卡門線**（Kármán line）的位置在增溫層內，高度約100公里處，通常被作為地球大氣層和太空的分界線。增溫層可再分為2層：

　　(1)**電離層**（ionosphere）：離地面85～550公里，介於中性大氣和受到電場及地球磁場線控制的可游離區域之間，由好幾層性質不同的層塊所組成。電離層是由太陽輻射現象所產生的自由電子和離子，以及光化游離和重組反應所產生的游離粒子、中性粒子所組成，是一個充滿自由電子的一層，有助於遠距離通訊系統，載人航太活動多在這一層進行。

　　(2)**外氣層**（exosphere）又稱**外逸層**，為550公里高空以上之大氣層。外氣層的最高邊界並不明確，約在500～1,000公里高處，氣體粒子之平均自由路徑相當大，因此氣體逃逸至太空的機率非常高，故又稱為**外逸層**，有時可視為熱氣層的上界。外逸層的高度可以從地表500公里延伸至1,000公里高空，並在該處與行星的磁層互動。

　　對流層隨著全球暖化有增厚的現象，但對於平流層而言，二氧化碳產生的是冷卻效果、會使平流層的溫度降低，並因此收縮、變薄。研究採用衛星觀測資料與多種氣候模式模擬，2021年英國雷丁大學教授保羅威廉姆指出，該研究發現平流層收縮的第一個觀察證據，並證明其成因與溫室氣體排放量相關，也是氣候變化的新發現。此外，威廉姆自己的研究也指出，**氣候危機可能會使飛航過程中遭遇亂流數增加兩倍**。2021年西班牙奧倫塞維哥大學學者胡安阿涅爾研究顯示，**平流層因二氧化碳增加產生冷卻效果使平流層縮小，是人類造成氣候暖化並影響地球大氣整體結構的明確警訊**，人類正在影響高達60公里厚的大氣層，但暖化恐怕還對地球大氣層造成更多尚未發現的影響。

氣溫隨高度的變化，大氣的分層主要是根據氣溫隨高度變化的一些特徵所定出。

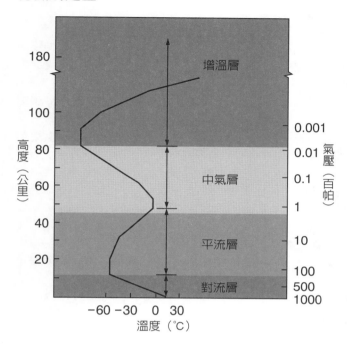

2021年英國雷丁大學教授保羅威廉姆研究發現平流層收縮的第一個觀察證據，並證明其成因與溫室氣體排放量有關，也是全球暖化的新發現。此外，他的研究也指出，氣候危機可能會使飛航過程中遭遇亂流數增加兩倍。2021年西班牙奧倫塞維哥大學胡安阿涅爾研究顯示，平流層因二氧化碳增加產生冷卻效果使平流層縮小，是人類造成氣候暖化並影響地球大氣整體結構的警訊，人類正在影響高達60公里厚的大氣層，但暖化恐還對地球大氣層造成其他更多尚未發現的影響。

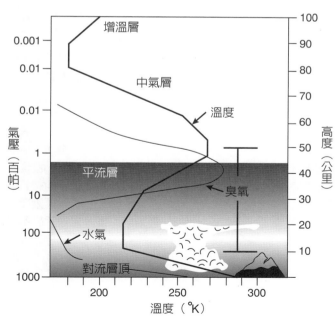

依據溫度隨高度的變化，自下而上地球大氣可分成4層，即：1.大氣邊界層與對流層、2.平流層、3.中氣層及4.增溫層。大氣溫度、水氣及臭氧隨高度變化與大氣層之對照，對流層之空氣有顯著的上下對流運動，天氣現象幾乎都發生在此層。

1-4 高層大氣與磁層：人類活動不僅改變地球甚至宇宙環境

當太陽的高能帶電粒子流（太陽風）吹向地球時，地球原有的磁偶極場在向陽面會被壓成扁一點，而背陽面之地球磁場的磁場線，則被拖拉成尾巴狀。整個地球磁場所占據的勢力範圍就是**磁層**（magnetosphere），具有磁場的太陽系星體周圍，在太陽風的作用下受限制而形成的區域即為磁層，其背陽處尾巴狀的結構，就叫做**磁尾**（magnetotail）；磁層為淚珠狀區域，其大小和形狀不斷受到太陽風變化的影響。

來自太陽風和地球大氣的帶電粒子存儲在地球磁層中，自1958年探險者一號衛星發現范艾倫輻射帶後就常再探測，磁層所儲存的粒子週期性地沿著磁方向注入大氣的北極區和南極區，並被加速到極高速度。地球磁層使高層大氣分子或原子激發產生絢麗多彩的光，即所謂的**極光**（Aurora/Polar light/Northern light），已知具有磁層的其他行星有水星、木星、土星和天王星；火星僅有局部的磁場，不能形成一個磁圈。

磁層內中性氣體濃度甚低，可視為完全游離的電漿；而電離層內中性氣體濃度甚高，為部分游離的電漿。磁層與電離層之間並不存在一個明顯的邊界，然而，磁層中游離氣體的絕對濃度，遠小於電離層。因此，磁層對電磁波的影響，不如電離層重要。

范艾倫輻射帶（Van Allen radiation belt）是地球近宇宙空間中被包圍著地球大量帶電粒子，並聚集而成的輪胎狀輻射層，由美國物理學家詹姆斯范艾倫所發現。范艾倫帶粒子的主要來源是被地球磁場俘獲的太陽風粒子，這些帶電粒子在范艾倫帶兩轉折點間來回運動。當太陽發生磁暴時，地球磁層受擾動變形，而侷限在范艾倫帶的高能帶電粒子大量洩出，並隨磁力線於地球的極區進入大氣層，激發空氣分子產生美麗的極光。

范艾倫輻射帶一般情況下分為內外兩層，其間存在范艾倫帶縫，縫中輻射很少，偶爾會因太陽風暴等突發情況被破壞分離導致產生多層。由地球磁場及其與太陽風的交互作用，造成成對的范愛倫輻射帶環繞著地球，外型就像甜甜圈，由電漿組成，外圈介於海拔19,000～41,000公里，內圈則介於海拔13,000～7,600公里。

2012年8月30日NASA發射兩艘裝有自動控制輻射帶風暴探測器（Radiation Belt Storm Probes, RBSP）太空船，用來研究環繞地球的范艾倫輻射帶。**2017年NASA的太空探測器偵測帶電粒子活動時，發現地球周圍環繞著巨大的人造「屏障」，發現某種低頻屏障阻止某些有危害的輻射，2021年NASA證實這個屏障一直在積極地將范艾倫輻射帶推離地球，現在輻射流實際上比1960年代離得更遠，能幫助地球抵禦高能太空輻射，證實這層屏障對太空天氣（space weather）會造成影響，人類活動不僅改變地球甚至宇宙環境！**

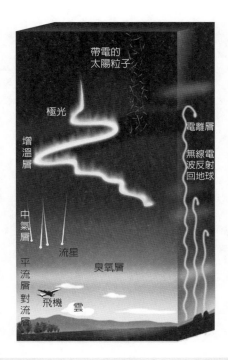

地球大氣結構：臭氧層與電離層示意圖。由帶電粒子與大氣中原子碰撞會發光產生極光。

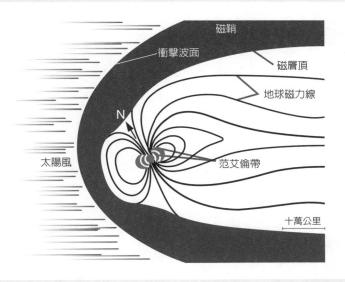

由地球磁場及其與太陽風的交互作用，所造成的范愛倫輻射帶，為成對的環狀帶環繞著地球，圖為由氣體離子組成地球磁層示意圖，太陽風從左向右吹。2017年NASA的太空探測器偵測帶電粒子活動時，發現地球周圍環繞著某種低頻屏障阻止某些有危害的輻射，2021年NASA證實這個屏障一直在積極地將范艾倫輻射帶推離地球，現在輻射流實際上較1960年代地球更遠，能幫助地球抵禦高能太空輻射，因此證實這層屏障會對太空天氣造成影響。

第2章
地球大氣能量來源探祕

2-1 太陽輻射變化與地球自轉關係

太陽輻射（Solar radiation）為地球大氣能量來源，是由太陽核融合所產生的能量，經由電磁波傳遞到各處的**輻射能量**（Radiant energy）。太陽輻射的光譜為接近溫度5,800K的**黑體輻射**（Blackbody emission），由不同波長的光波組成，大致可分成3個光區：1.**紫外光譜**：約占太陽光輻射能量的8.3%，波長＜0.4微米（μm），為不可見光，有殺菌作用，但大量波長＜0.3 μm的紫外線對植物生長有害。2.**可見光譜**：能量約占40.3%，可分為紅、橙、黃、綠、青、藍、紫7種單色光譜，波長為0.4～0.76μm，植物光合作用取決於可見光譜。3.**紅外光譜**：能量約占51.4%，波長＞0.76 μm不能引起光合作用，僅能提高植物的溫度並加速水分的蒸發。

太陽不停自行燃燒並向四周放出輻射，全年間的變動很小，但因地球對太陽的運動，造成太陽輻射變化很大。如太陽與地球間距離以及輻射入射角等的改變，地球所吸收到的輻射也隨之而變。主要影響因素如下：(1)地球公轉軌道的**偏心率變化**（eccentricity）、(2)**黃赤交角變化**（obliquity）及(3)**歲差或攝動**（precession）。

由於地球自轉的赤道面和公轉的黃道面並不一致，在夏至時太陽在北半球北迴歸線（23.45°N）正上空，這時北半球受到較強的太陽輻射是為夏季。在冬至時太陽在南迴歸線上空南半球較溫暖，北半球則接受到較少的太陽輻射而比較冷，是為冬季。以上所說的夏、冬季都是相對於北半球而言，南半球則正好相反，春分及秋分時太陽在赤道正上空。所以大氣的四季變化是由於地球公轉的結果。赤道地區每年有2次直射機會，太陽高度角大，所以太陽輻射強度也大；極地的太陽高度角小，並有永夜現象，因此太陽輻射強度很小。

太陽輻射尚與下述各因素有關：(1)海拔愈高空氣愈稀薄，大氣對太陽輻射的削弱作用愈小，到達地面的太陽輻射愈強；(2)晴天雲少對太陽輻射的削弱作用小，到達地面的太陽輻射強；(3)大氣透明度高則對太陽輻射的削弱作用小，使到達地面的太陽輻射強；(4)白晝時間的長短；(5)大氣汙染的程度愈重，則削弱太陽輻射愈多，到達地面太陽輻射愈少。

地球大氣對太陽輻射有衰減作用，太陽輻射穿越地球大氣層而抵達地面時會受到下列因素影響：1.吸收：空氣中的水和二氧化碳會吸收紅外線輻射，而臭氧會吸收紫外線輻射。2.散射：空氣分子、塵埃、雲滴會改變輻射方向，使部份太陽輻射來不到地面。3.反射：雲層和塵埃對太陽輻射有反射作用，將部分太陽輻射反射回宇宙空間。未被大氣阻擋而能夠直達到地面的太陽輻射稱為**直接輻射**；而經過大氣散射或反射後抵達地面之輻射，則稱為**漫射輻射**，於地面接收到的總太陽輻射是指直接和漫射輻射二者之總和。

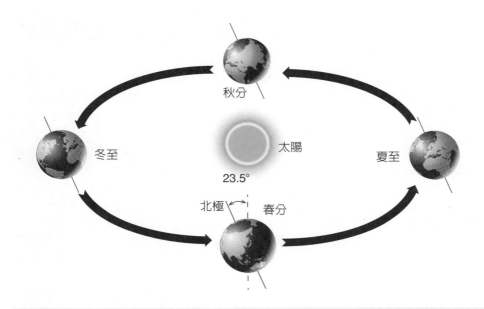

地球繞太陽公轉時，自轉軸與公轉軸呈23.5度的夾角，使得太陽直射地面的位置隨季節而變化；春分（3月21日左右）與秋分（9月23日前後）時直射赤道，夏至（6月22日）直射北迴歸線，冬至（12月22日）則直射南迴歸線。

大氣層頂與在地球海平面的太陽輻射光譜分布

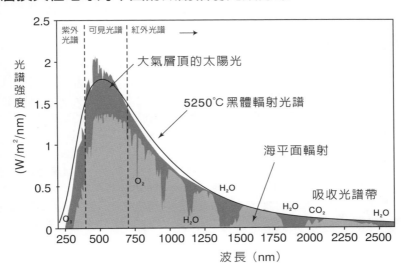

2-2 太陽輻射因臭氧層保護地球免於受紫外線傷害

　　臭氧是一種具有刺激性氣味，略帶有淡藍色的氣體，含有3個氧原子，分子式為O_3，其含量在大氣中非常少卻無比重要，因為它在0.28～0.34μm的紫外線部分，能在高空中就強烈吸收對生物有害的極短波輻射，使地面上、海洋裡的生物得以生存、繁衍。而且它和CO_2聯合導致了溫室效應，使得大氣不至於白天奇熱夜晚酷冷，因此提供適合生物生存的背景環境。

　　一部分超紫外線的能量被用來解離O_2，在這個高度，由於密度很低，O一旦形成，就會以永久形式存在。但到了較低層大氣的密度增加，O形成後會和另一個O結合而還原為O_2，或和O_2結合成O_3。於是由80公里左右開始，臭氧的量快速往下增加，同時太陽的紫外線輻射強度也逐漸衰減，一直到離地面25公里處臭氧的分子個數密度達最大。再往下，由於紫外線輻射強度已所剩無幾，O_3的密度迅速減少。因此約自20～80公里的空間又稱為**臭氧層**（Ozone Layer），為大氣平流層中臭氧濃度相對較高的區域，主要作用是吸收短波紫外線。臭氧層密度不是很高，如果被壓縮到對流層的密度，實際只有幾毫米厚。

　　當地球大氣中的氧氣漸漸增加，臭氧層便會隨之形成。臭氧層的形成，主要因紫外線衝擊雙原子的氧氣，把它裂解成2個原子，然後每個原子和未分裂的O_2合併成O_3。O_3分子不穩定，受紫外線照射之後又分裂為O_2和O，因而形成一個O和O_2迴圈，並因此形成臭氧層，其形成過程如下：

1. 氧分子受到紫外線照射，分解成2個氧原子。O_2 + 紫外線→2O。
2. 被分解的氧原子和未被分解的氧分子會聚合形成臭氧。O_2 + O→O_3。
3. 當O_3受到紫外線照射，會再分解成1個O和1個O_2。O_3 + 紫外線→O + O_2。
4. 然後O和O_2又會聚合形成O_3。

　　上述過程中被吸收的紫外線，會以熱能的形式釋放出來，加熱周圍的空氣，臭氧會因為與其他物質（例如氯）反應而減少。整個臭氧吸收反應過程中，臭氧並未消耗，只是把紫外線吸收後變成熱能，這也是為什麼在平流層裡，溫度會隨高度而上升的主要原因。**臭氧吸收紫外線轉成熱能的過程，也就是保護地球表面免受紫外線過度傷害的機制，我們稱集聚於流層中的臭氧為臭氧層，它就像是地球的防護罩**，因臭氧能吸收紫外線，保護地球免於受傷害，因此臭氧層可說是紫外線的剋星。

　　地球各地的臭氧層密度並不相同，在赤道附近最厚，南北極最薄，現在大約有4.6%的地球表面沒有臭氧層，臭氧含量反常稀少，就是所謂的**臭氧層破洞**；1980年代首次發現南極上空的臭氧層破洞，為避免氟氯碳化物繼續傷害臭氧層，**1987年聯合國會員國簽署《蒙特婁議定書》，分階段限制使用氯氟烴（CFCs），自1996年起氯氟烴正式被禁止生產，我國氟氯烴進口消費量，規劃2030年全面歸零。**

臭氧層中臭氧與氧氣的循環

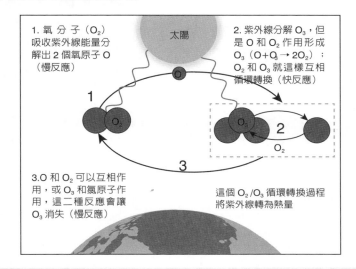

臭氧層中臭氧與氧氣的循環。臭氧層的形成主要因紫外線衝擊雙原子的O_2，把它裂解成2個氧原子，然後每個氧原子和未分裂的O_2合併成O_3，並在大氣平流層中造成O_3濃度相對較高之臭氧層。

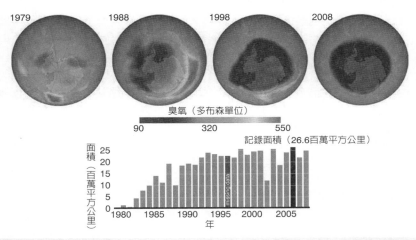

1974年美國加州大學羅蘭德（F. Sherwood Rowland）及莫里納（Mario J. Molina）教授在期刊Nature發表文章，指人造的氟氯碳化物（CFCs），由於其化學性質相當穩定，生命期長達數十年至百年之久，因此會在大氣中不斷累積，最後其分子上升至平流層，將會被高能的紫外線分解而釋出氯原子，當這些氯原子降至臭氧層高度時，將引發催化反應破壞臭氧分子，致使臭氧層的厚度變薄。

1985年英國科學家第一次發現南極上空約10公里處的臭氧層被破壞大幅變薄，1987年聯合國各國簽訂蒙特婁議定書禁止使用「氟氯碳化物」才逐年改善臭氧層破壞，2014年科學家證實臭氧層開始自癒，破壞最嚴重的南極，則是要到2075年才能恢復到1980年時的健康狀態。**臭氧層自癒，背後最大的推手竟然就是造成北極海冰消融的全球暖化，因為二氧化碳和其他氣體幫助平流層降溫，增加臭氧的數量達到自癒。**

2-3 地球大氣及地表能量收支平衡

受大氣層之影響整個地表能量吸收自太陽者，與同一時期因反射及輻射到太空的量達到平衡。由太陽輻射出來者稱為**短波輻射**，波長約在0.38～2.5μm間。由於物體吸收輻射能達到某一溫度後，就會發生黑體熱輻射的現象，故地球表面吸收太陽能後會再產生輻射，其輻射的波長約在5～20μm間，稱為**長波輻射**。

當太陽輻射到地球時，有部分被反射到太空，大部分被地表所吸收，由地表反射出去及由地表輻射出去者，到達大氣層後會受大氣中之雲霧、小水滴及固粒物質所吸收，並能再產生輻射部分又反射及輻射到地表，如此而形成地表能量的收支循環。在低緯度區吸收輻射能量較反射與再輻射出去的量大，反之高緯度區能量得到的較失去的少。全球平均而言，大氣及地表的能量收支呈平衡狀態，若將大氣層頂太陽輻射全球平均值（342 W/m^2）當作100單位，其中20單位為大氣吸收（平流層3，對流層17），30單位被氣體分子、雲及地表反射或散射回外太空（即地球反照率為0.3），50單位則被地表吸收。地表向上輻射的長波輻射量相當於110單位，其中98單位被對流層吸收，平流層吸收另外2單位，最後只剩下10單位外逸至外太空。

地表只吸收了50單位的太陽輻射，卻放射110單位的長波輻射，它的能量補給來自大氣的溫室效應：對流層吸收了大量的長波輻射，再分別向地表及平流層輻射89及60單位。相對而言，平流層吸收長波輻射的能力並不佳，只吸收60單位中的6單位，外逸量高達54單位。平流層也分別向對流層及外太空輻射5及6單位的長波輻射。若只計算輻射能量，則大氣共吸收120（即17 + 98 + 5）單位能量，卻輻射149單位能量，亦即大氣不斷以29單位的速率損失能量。反觀地表（包括海洋及陸地）則吸收139（50 + 89）單位，輻射110單位，因此以29單位的速率吸收能量。這些多餘的能量以蒸發（LE，24單位）或可感熱傳送（SH，5單位）形式進入地表附近大氣，再由大氣的水平及垂直運動傳送至其他處，彌補大氣輻射冷卻損失的能量。蒸發過程中，液態水吸收地表的熱量汽化進入大氣，將地表的熱量傳送至大氣。如果水汽再度凝結成液態水，會釋放潛熱加熱空氣，氣溫乃因此升高。

雲量多寡及雲類分布乃影響輻射平衡的重要因子之一，雲內水滴會將約75%入射短波輻射散射回太空。因此雲的存在會增加地球反照率及減少地球吸收的短波輻射量，對大氣有冷卻作用。同時雲也吸收長波輻射，減少逃逸至太空的長波輻射量，形同溫室效應，對大氣有暖化作用。其中卷雲傾向暖化大氣，層雲則傾向於冷卻大氣。因此輻射不僅受雲量也受到雲類的影響。事實上，雲量多以目測估計，是所有氣象觀測中最不可靠的變數。為了解雲對大氣溫度的淨效用，世界氣象組織與國際科學總會，1984年開始一個國際性雲觀測實驗（International Satellite Cloud Climatology Project, ISCCP），為期12年，於1995年結束。

地球系統的能量收支示意圖

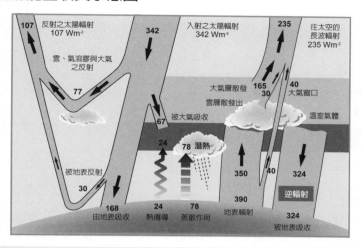

大氣及地表的能量收支呈平衡狀態，大氣層頂的太陽輻射全球平均值（342 W/m2）設為100單位，其中20單位為大氣吸收，30單位被氣體分子、雲及地表反射或散射回外太空，50單位則被地表吸收。地表向上輻射的長波輻射量相當於110單位，其中98單位被對流層吸收，平流層吸收了另外2單位，最後只剩下10單位外逸至外太空。（圖／Climate Change 2007）

全球平均的輻射收支

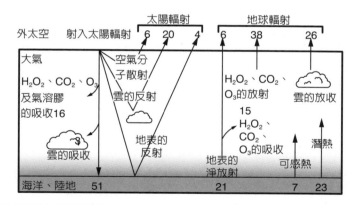

全球平均的輻射收支概念圖：「全球變遷」專輯（圖/許晃雄）。雲量多寡、雲類分布乃影響輻射平衡的重要因子之一，雲內的水滴將約75%入射短波輻射，散射回太空。因此雲的存在會增加地球反照率及減少地球吸收的短波輻射量，對大氣有冷卻作用。同時雲也吸收長波輻射，減少逃逸至太空的長波輻射量，形同溫室效應，對大氣有暖化作用。科學家發現卷雲傾向暖化大氣，而層雲則傾向於冷卻大氣。因此輻射不僅受雲量也受到雲類的影響。但事實上雲量多是以目測估計，是所有氣象觀測中最不可靠的變數。為解決這個問題，世界氣象組織與國際科學總會，於1984年開始國際性雲觀測實驗，為期12年，於1995年結束。

2-4 入射太陽輻射緯度分布

太陽輻射為驅動地球大氣運動的主要能量，從行星尺度的大氣環流到小尺度的地面蒸發散作用等等，監測穿越地球大氣層抵達地球表面的太陽輻射通量，或稱為**向下太陽輻射通量**（Downward Solar Irradiance, DSI）。DSI的時空分布並非恆常不變，首先到達大氣層頂的太陽輻射可由三組因子所決定，分別是緯度、太陽時角及日地距離；經過大氣到達地面的太陽輻射則是受到大氣分子、懸浮微粒、雲的吸收與散射。太陽輻射經過大氣衰減之後，最後受到地形效應的遮蔽或是漫射反射等影響，更造成地面DSI在時空上的分布極不均勻。

入射太陽輻射若以緯度分布來說，則南北半球都以緯度35～40°為界，在低緯度地區接收到的入射太陽輻射比放出的長波輻射多，在高緯度地區放出的長波輻射則大於**入射太陽輻射**（solar radiation）。這種輻射收支緯度分布的不平衡，正是地球上能量由低緯度往高緯度輸送的主要機制，其中大約4/5是由大氣輸送，1/5是由海洋輸送。至於能量平衡的時間和空間分布，則與大氣和海洋中的各種現象有關。最重要的輻射收支是太陽常數、**行星反照率**（albedo）以及向外長波輻射，都可由衛星觀測得到。

由上述可知，大部份的大氣並不處於輻射平衡狀態，平均而言，低緯度地區吸收的**短波輻射**（shortwave radiation）大於損失的**長波輻射**（longwave radiation），高緯度則相反。這兩區域在無大氣運動的情況下，如要達到輻射平衡狀態，則低緯度地區氣溫勢必不斷升高，直到地球外逸長波輻射量等於吸收的短波輻射量。相反的，高緯度地區則必然降溫至所謂的輻射平衡溫度。在此種情況下，低緯度地區變的太熱，高緯度地區則太冷。大氣與地球間年平均能量的平衡以38°為界，高緯為負值，低緯為正值。輻射量以副熱帶高壓帶最高。

實際上，地球表面覆蓋著流體如空氣、海水等，無法維持這樣大的南北溫度梯度，卻仍舊保持空氣、海水靜止不動；因此劇烈運動會在大氣及海洋發生，以降低溫度梯度。大氣及海洋環流就在此種驅動力之下，不斷的運動，也不斷的重新分配輻射能量，擴大適合生物生存的空間。在輻射能量重新分配的過程中，則難免產生劇烈天氣，如極地渦旋、寒潮、熱帶風暴（颱風、颶風及熱帶氣旋）及龍捲風等，威脅生物的生存。

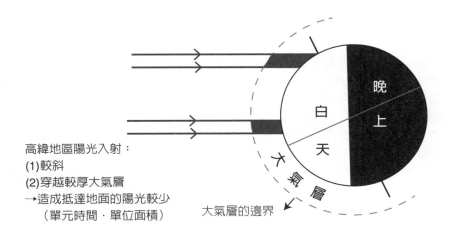

高緯地區陽光入射：
(1)較斜
(2)穿越較厚大氣層
→造成抵達地面的陽光較少
　（單元時間‧單位面積）

大氣層的邊界

太陽入射角隨緯度的變化

太陽入射角隨緯度的變化

地球不同緯度所吸收太陽輻射，以及地球輻射到外太空能量的分布

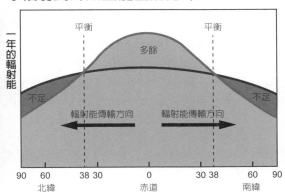

不同緯度地表所受的太陽輻射強度也跟著不同：穿越地球大氣層抵達地球表面的太陽輻射通量（Downward Solar Irradiance, DSI），DSI的時空分布並非恆常不變，首先到達大氣層頂的太陽輻射可由三組因子所決定，分別是緯度、太陽時角及日地距離；經過大氣到達地面的太陽輻射則是受到大氣分子、懸浮微粒、雲的吸收與散射。太陽輻射經過大氣衰減之後，最後受到地形效應的遮蔽或是漫射反射等影響，更造成地面DSI在時空上的分布極不均勻。

2-5 地球大氣及地表輻射

　　自然界中所有物體，只要溫度在絕對溫度零度以上，都以電磁波的形式不停地向外傳送熱量，這種傳送能量的模式稱為輻射。物體通過輻射所放出的能量，稱為輻射能。輻射有一個重要的特點，就是它是「對等的」。不論物體（氣體）溫度高低都向外輻射，甲物體可以向乙物體輻射，同時乙也可向甲輻射。

　　黑體是一個理想化的物體，它能夠吸收外來的全部電磁輻射，並且不會有任何的反射與透射，它放出的輻射通量密度隨波長的分布與普朗克（Planck）函數成正比。隨溫度上升，黑體所輻射的電磁波與光線稱做**黑體輻射**（Black-body radiation）。依黑體輻射的原理，任何高於絕對溫度0K的物體都會輻射出能量，溫度愈低，輻射的波長愈長。黑體不僅僅能全部吸收外來的電磁輻射，且散射電磁輻射的能力比同溫度下的任何其他物體強。太陽可視為溫度5,700K的黑體，另一方面地表為平均溫度288K的黑體，地球和大氣輻射主要為紅外輻射，波長較長。

　　德國物理學家普朗克（Max Karl Ernst Ludwig Planck），於1900年導出能量量子和頻率之間著名關係式$E = h\nu$，h稱為普朗克常數，ν為頻率。普朗克黑體輻射定律或普朗克定律或黑體輻射定律（Blackbody radiation law）為描述在任意溫度下，從一個黑體所發射的電磁輻射率，與電磁輻射頻率間的關係式，此式可以解釋黑體溫度輻射的光譜，假設電磁能只能以$h\nu$的整數倍發放或吸收。

地球輻射（terrestrial radiation/Earth radiation）與大氣輻射（atmospheric radiation）

　　太陽光輻射熱量的來源是透過核融合反應，太陽約由71.3%的氫、27%的氧及2%的其他元素所組成，表面溫度高達6,000K，內部則高達2,000萬K高溫，透過核融合反應將氫原子融合成氦，釋放出的能量使太陽依舊保持穩定的狀態。地球與大氣圈不斷地自太陽獲得0.17×10^{18} W之輻射量。

　　地球輻射又稱長波輻射或熱紅外輻射，大氣（含雲）同時也向太空放出長波幅射，兩者構成地氣系統進入宇宙的熱輻射，統稱為地球輻射，因釋放熱輻射而造成地表冷卻。由地表往上射出之長波輻射稱為地面輻射。地球輻射的輻射源為地球，其波長範圍約為4～120 μm，輻射能量的99%集中在3 μm以上的波長範圍，最強波長約為9.7 μm。

　　由大氣所發射的長波輻射稱為大氣輻射，即大氣中的長波、短波輻射和氣體、雲、氣溶膠及地表之間的相互作用。地球大氣把接收自太陽輻射中的一部分，反射回到外太空，並放出輻射能到太空，以便保持能量平衡。

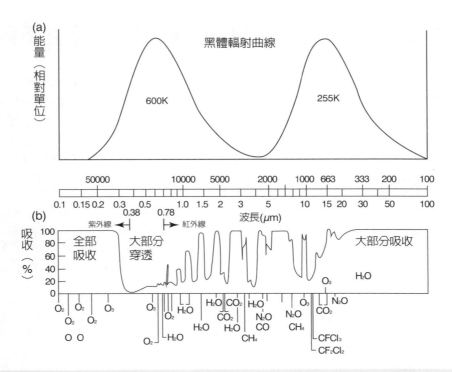

太陽的輻射光譜及被大氣成分吸收的情形。太陽輻射從高空射下來時,其紫外線(ultra-violet, UV)、超紫外線(extreme-ultra-violet, EUV)及更短波長的輻射在高層即被氧原子及氧分子所強烈吸收,而形成極高的溫度,這是增溫層溫度很高的主要原因。

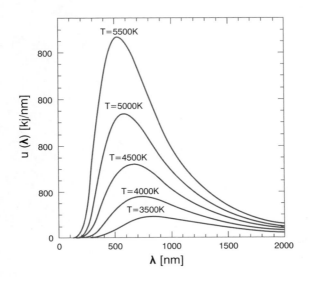

普朗克定律描述的黑體輻射在不同溫度下的頻譜,圖示幾種溫度下的黑體波普輻射曲線。

2-6 地球輻射平衡溫度與地表平均溫度不同是溫室效應所致

在長期平均下，地球向外輻射能與所接收的太陽輻射能是處於平衡狀態，此種狀況下地表的溫度應爲−18℃，稱爲**輻射平衡**（radiative equilibrium）溫度。地表實際平均表面溫度約15℃，比輻射平衡溫度高出33℃，主要是因爲溫室效應所致。

太陽輻射和長波輻射都會受到大氣的吸收。對太陽輻射來說，波長<0.3 μm以下的紫外線已被平流層中的臭氧幾乎完全吸收了。在近紅外區（0.7～3 μm）相當多的太陽輻射被大氣中的水汽、二氧化碳和雲所吸收，但大氣幾乎不吸收可見光（0.4～0.7 μm）。至於長波輻射，在3.7和11 μm附近氣體的吸收很小，稱爲大氣窗區。最重要的吸收帶是6.3 μm處的水汽吸收帶、4.3和15 μm的二氧化碳吸收帶以及9.6 μm處的臭氧吸收帶。只要不討論地球暖化與氣候變動，地表的年平均溫度可視爲常數，因此地球從太陽接收到的能量又會回到外太空，這種能量平衡已由氣象衛星的觀測結果證實。

因爲地球表面積是截面積的4倍，故大氣層頂處的所接收到的太陽輻射通量密度等於太陽常數的1/4，即342 W/m^2。太陽常數是指日地平均距離處的太陽通量密度。設太陽入射量爲100單位時，其中入射於大氣層頂的太陽輻射有30單位因大氣中的分子的雷氏散射、雲、氣溶膠的米氏散射以及地表的反射而在回到太空，這個比率30%稱爲行星反照率。

在大氣層頂處的輻射是平衡的，到達的和離開的輻射能量都是70單位。對大氣來說，輻射能並不平衡。吸收的太陽輻射爲19單位，損失的輻射能爲49單位，因此太陽輻射造成大氣的加熱，而長波輻射則引起大氣的冷卻，不足的30單位則藉由對流的方式由地表往大氣輸送。在地表處，輻射也是不平衡的，接收到的太陽輻射爲51單位，而離開的輻射爲21單位，多出的30單位就是藉由對流進入大氣。

由於大氣吸收地表輻射之後也需要能量平衡，所以會放出輻射，這樣地表接收到的輻射總量就會比沒有大氣時還多，因此放出更多輻射至大氣中。這裡因大氣吸收輻射所造成的增溫，就是所謂的溫室效應。而能造成大氣吸收率增加，進而加強溫室效應的氣體，就是溫室氣體。至於地表因大氣輻射率改變而多接收到的輻射量，是討論全球暖化時很重要的參數。只吸收紅外線波段的粒子將會增加地表接收的能量；只吸收可見光波段的粒子，對地表接收的能量就有減少的效果。如果粒子處在比較高空的位置時，和地表有顯著溫度差異，它放出的能量便會小於從地表吸收的能量，進而困住地表的熱能，造成地表增溫。凡此只要是最後加總能讓地表增溫的氣體，就是所謂的溫室氣體，常見的溫室氣體是能夠吸收紅外線的氣體。

類地行星的溫度與影響溫度的因子

	輻射平衡溫度 （℃）	表面溫度 （℃）	日距 （天文單位）	反照率	雲量 （%）	地表氣壓 （大氣壓）
金星	－ 39	427	0.72	0.77	100	92
地球	－ 18	15	1	0.31	50	1
火星	－ 56	－ 53	1.52	0.15	少	0.007

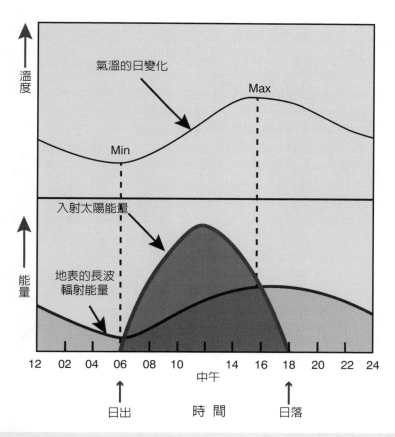

氣溫的日變化主要受地表日夜溫差的影響，而地表溫度的日變化和淨輻射量密切相關。早晨日光斜射，在大氣中經過較長的路徑，受到的散射較嚴重，所以地面接收到的單位面積能量較少，地面及近地層大氣溫度較低。越近中午時，同樣的光柱照到地面上的面積變小，單位面積能量增加，日光路徑較短，因此地面及近地層大氣的溫度上升。但因為地表的溫度還要經過土地的傳導調整，大氣也要經過空氣的傳導及對流溫度才會上升，所以約在下午2、3點時才達到最高溫。

第3章
大氣汙染與地球環境破壞

3-1 部分微量氣體會破壞臭氧層及發生溫室效應

大氣的化學包括對流層和平流層大氣中，主要和微量成分的組成、含量、起源和演化等問題。放射性汙染大部分藉由大氣傳播，實際上所有大氣傳播的放射性汙染同位素都叫做**氣膠**（aerosol），為固體或和液體微粒穩定地懸浮於氣體介質中的小顆粒，一般大小在0.01～10 μm之間，可分為自然和人類產生2種。氣膠會影響氣候，包括吸收輻射或散射輻射。另外氣膠可成為凝結核，影響雲的性質。這些微粒附著在灰塵上，形成氣膠狀態，隨空氣中塵埃漂移。如果放射性汙染物進入水系統後就非常危險，尤其進入地下水，以現有科技是難以控制的。

地球大氣中氣層以下大氣組成成分，其中氮氣體積占78%，氧氣占21%。其他為氬、二氧化碳及水氣等**大氣微量氣體**（Atmospheric Trace Gases），在大氣中比正常大氣組成氣體的相對含量要低得多的氣體，通常它們的體積濃度均<1%。在自然狀態下，大氣是由混合氣體、水氣和雜質所組成。將水氣和雜質去除後的空氣稱為**潔淨空氣**（clean air），潔淨空氣中的穩定氣體，如氬（5.2×10^{-6}）、氦（1.1×10^{-6}）、氪（0.03×10^{-6}）；不穩定氣體如一氧化碳（0.02×10^{-6}）、氧化亞氮（$<0.6 \times 10^{-6}$）、臭氧（$<0.05 \times 10^{-6}$）、氨（$<0.02 \times 10^{-6}$）、甲烷（$<2 \times 10^{-6}$）、硫化氫（$<0.002 \times 10^{-6}$）和鹵化物（$<2 \times 10^{-9}$）等均為微量氣體。

由於人類活動大量排放各種微量氣體，會造成大氣汙染，如碳氧、氮氧、硫氧和氯氧等化合物以及許多人工合成化學品、有機物等，有些參與生物地球化學循環（如碳、氮、硫、氯的化合物）。微量氣體在對流層中可完全混合而均勻分佈；但在平流層中則分布不均勻。現在對二氧化碳、甲烷、氧化亞氮、臭氧和氟氯烴（CFCs）等微量氣體在全球的分布、遷移、循環、轉化及其效應較為重視，這是由於它們會破壞臭氧層及發生溫室效應，而導致全球暖化與氣候變遷，危及生態系統與人類生活之故。

太陽輻射被地球吸收後，轉變成地球輻射，向地球外發射，使地球能量維持平衡。但地球上因工業或汽車或火山爆發等原因，而釋放出CH_4、CO_2、O_3、N_2O及CFCs等，它們吸收地球向外發射的輻射，再反射回地球，而使地球升溫，稱為**溫室效應**（Greenhouse effect）。2007年IPCC第四次報告中，為防止全球暖化，提出管制6大類溫室氣體，包括：CO_2、CH_4、N_2O、PFCs、HFCs及SF_6。

2022年2月28日聯合國氣候變遷專門委員會發布第六次評估報告第二工作組報告「氣候變遷影響與調適」中，指出全球目前有約33～36億人正處於對氣候變化「高度脆弱」的狀態，2040年之前全球升溫幅度可能達1.5℃，暖化程度越高，氣候風險就越高，將會對人類和生態系統構成多重威脅。

潔淨空氣的主要成分

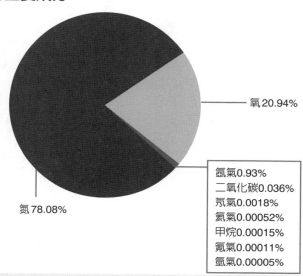

氧20.94%

氬氣0.93%
二氧化碳0.036%
氖氣0.0018%
氦氣0.00052%
甲烷0.00015%
氪氣0.00011%
氫氣0.00005%

氮78.08%

潔淨空氣的主要成分為78.09%的氮，20.94%的氧及0.93%的氬，占大氣總量的99.96%，其他總含量＜0.1%，這些微量氣體包括：氖、氦、氪和氫等。近地層大氣中，氣體含量幾乎是不變的，易變的成分是二氧化碳、臭氧，受地區、季節、天氣及人類生活影響。

京都議定書管制6大溫室氣體種類

溫室氣體	二氧化碳 CO_2	甲　烷 CH_4	氧化亞氮 N_2C	全氟碳化物 PFCs	氫氟碳化物 HFCs	六氟化硫 SF_6
來源	1 化石燃料 2 改變土地的使用（砍伐森林）	1 生物體的燃燒 2 家畜腸道發酵作用 3 水稻	1 生物體的燃燒 2 燃料 3 化肥	1 半導體製程 2 光電產業	1 半導體製程 2 光電產業 3 冰箱及汽車冷氣系統主要冷媒	1 電力業 2 滅火器 3 半導體製程 光電產業
對氣候的影響	吸收紅外線輻射，影響大氣平流層中O_3的濃度。	吸收紅外線輻射，影響對流層中O_3及OH的濃度，影響平流層中O_3和H_2O的濃度，產生CO_2。	吸收紅外線輻射，影響大氣平流層中O_3的濃度。	吸收紅外線輻射能力強（吸收大量地表熱及低空輻射熱）。	吸收紅外線輻射能力強（吸收大量地表熱及低空輻射熱）。	吸收紅外線輻射能力強（吸收大量地表熱及低空輻射熱）。
GWP	1	25	298	7390～12200	124～14800	22800

資料來源：2007年IPCC第四次評估報告（IPCC Fourth Assessment Report: Climate Change 2007）

3-2 大氣中的細懸浮微粒能產生區域性氣候變遷影響人體健康

　　空氣中存在許多汙染物，其中漂浮在空氣中類似灰塵的粒狀物稱為**懸浮微粒**（particulate matter, PM）或稱**氣膠**（aerosol）、氣凝膠、氣懸膠或氣溶膠，是由一團空氣和懸浮於其中的微粒所組成的混合體，並飄浮在空氣中的微小顆粒，直徑約在0.001～10 μm間的總稱，有自然及人造的；人造懸浮微粒有**工業灰塵**（industrial dust），大多為燃燒不完全產生的雜質，如煤煙（soot）、硫酸鹽（sulfate）及硝酸鹽（nitrate）等。自然懸浮微粒有火山灰、沙漠區灰塵（soil dust）以及海鹽懸浮微粒（sea salt aerosol）等。因此氣膠的組成相當多元，可以是塵埃、花粉、冰晶、硫酸結晶及海鹽等，其微觀的特徵十分複雜，目前科學家對氣膠種類、混合狀態以及氣膠粒子吸濕作用，都尚未充分了解。

　　氣膠是液態或固態微粒在空氣中的懸浮體系，它們能作為水滴和冰晶的凝結核、太陽輻射的吸收體和散射體，並參與各種化學循環，是大氣的重要組成成分。霧、煙、霾、靄、微塵和煙霧等，都是天然的或人為造成的大氣氣膠。氣膠按其來源可分為2種：1.**一次氣膠**（primary aerosol），以微粒形式直接從發生源進入大氣；2.**二次氣膠**（secondary aerosol），在大氣中由一次汙染物轉化而成；氣膠可來自被風揚起的細灰和微塵、海水濺沫蒸發成的鹽粒、火山爆發的散落物以及森林燃燒的煙塵等天然源，也有來自燃燒化石和非化石燃料、交通運輸以及各種工業排放的煙塵等人為源。

　　懸浮微粒能吸收輻射，也散射太陽輻射，大顆粒的懸浮微粒受重力牽引很快就掉落地表，留在大氣中的時間很短，對氣候的影響不大。顆粒太小的懸浮微粒，雖然數量最多，但是所占的質量及表面積太小，對氣候的影響也不大。影響氣候最大的懸浮微粒直徑約在此0.1～1 μm之間。當氣膠處在水氣較多的環境下，會有吸濕的效應，也就是水氣會附著在氣膠表面。隨著水汽壓的增加，液滴會膨脹稀釋以增加它的飽和水汽壓，粒徑因此略微增長；等到超過臨界點後，環境相對液滴為過飽和狀態，因此液滴快速成長，活化成雲滴。在同樣氣膠濃度的狀況下，高相對濕度的環境會使大氣的散射截面積較在乾的大氣環境中來得高。

　　漂浮在空氣中粒徑≦2.5 μm的粒子稱為$PM_{2.5}$，通稱**細懸浮微粒**（fine particulate matter, $PM_{2.5}$），它的直徑還不到人頭髮絲粗細的1/28，主要是由人類活動直接或間接產生的汙染物質，通常以水溶性無機離子如硫酸鹽、硝酸鹽、銨鹽、有機碳、元素碳（近似黑碳）為主。相對濕度較高的地區，$PM_{2.5}$微粒容易吸收水氣，高相對濕度時，水成為$PM_{2.5}$微粒中的主要組成，因此潮解成液態水珠，可穿透肺部氣泡，並直接進入血管中隨著血液循環全身，對人體健康造成危害；環境中如有過多的$PM_{2.5}$微粒也會影響能見度，更進一步產生**區域性氣候變遷**。

火山爆發對地球—大氣系統的影響示意圖

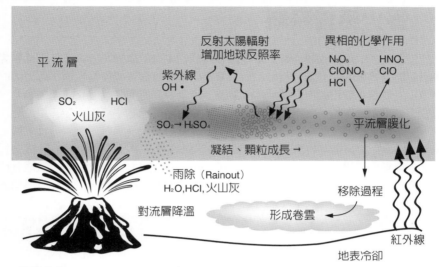

（圖修改自McCormick et, al., 1995）

火山爆發的散落物（火山灰）為自然氣膠來源。

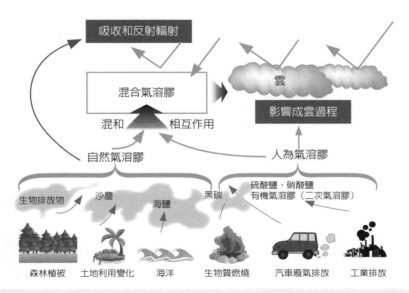

氣膠分為自然氣膠及人為氣膠，兩者都會影響傳輸至地面的太陽輻射、空氣品質、能見度以及氣候，因此氣膠對大氣環境及地球系能能量收支有很大的影響。氣膠粒子一方面可以將太陽光反射回太空，從而冷卻大氣；另方面經由散射、漫射和吸收部分太陽輻射，減少地面長波輻射的外逸，使大氣升溫。由於人類的社會與經濟活動，造成人為氣膠不斷增加，影響大氣環境，如酸雨、沙塵暴及生質燃燒等對區域環境之影響。

3-3 繞極衛星觀測澳洲火積雲與RADRFIRE 野火應對系統

　　如能掌握抵達地球的太陽能量，可提供一種評估未來氣候變化的方法，因此對太陽總體輻射能進行更好的測量，將可為科學家提供精確檢測氣候模型，並了解太陽的長周期變化以及這些變化如何影響地球的氣候。聯合國政府間氣候變化專門委員會，認定關於氣候變化預測的主要不確定因素，即氣膠對地球能量平衡的影響。這種懸浮於空氣中的微粒，經由反射和吸收太陽輻射以及改變雲量和降水量，達到影響氣候。

　　美國NASA於2004年7月15日發射光環號地球觀測系統衛星（EOS-Aura）成功，衛星上搭載**臭氧監測儀**（Ozone Monitoring Instrument, OMI），主要探測大氣成分或監測大氣環境、追蹤汙染物的移動和平流層臭氧層破洞的恢復情況、了解氣膠與氣候變遷的關係。Aura衛星的重要功能之一為了解區域性空氣汙染如何影響全球大氣，同時探測全球大氣化學成分及氣候變遷如何影響區域空氣質量；但接續Aura衛星後，2011年3月4日NASA發射輝煌號地球觀測衛星失敗。

　　2011年10月28日美國太空總署，發射索米國家極地軌道夥伴衛星（Suomi NPP/NPP），為紀念已逝美國威斯康辛大學教授維納索米（Verner E. Suomi）。搭載的**可見光紅外線顯像輻射觀測儀**（Visible infrared Imaging Radiometer, VIIRS）和OMPS-NM從約12,742公里的高空俯瞰地球表面可收集陸地、大氣、冰層和海洋，在可見光和紅外波段的輻射，觀測數據可用來測量雲量和氣膠特性、海洋水色、海冰運動和溫度、火災及地球反照率等。

　　2019年澳洲大火不僅在當地造成破壞，因前所未有的條件，包括灼熱海洋和陸地表面溫度、破記錄的乾燥導致形成異常**火積雲或焦積雲**（pyrocumulo nimbus, pyrCbs）事件，基本上是火災引起的雷暴，它們是由過熱的上升氣流引起的灰燼、煙霧和燃燒材料所上升引起的。隨著這些物質的冷卻，形成類似一般雷暴的積雲，但並沒有伴隨降水。NPP追蹤濃煙運行的整個過程，2019年12月首次觀測到濃煙開始越過太平洋，2020年1月8日已經繞過地球一半，煙霧上升至平流層，部分煙霧飄達離地表17.7公里高空。2020年1月19日美國NOAA稱，濃煙已回到它最初產生的澳洲東海岸，環繞地球一周。濃煙對紐西蘭產生重大影響，當地的天空變得渾濁不清，還造成了五彩斑斕的日出日落景象。

　　全球暖化加劇，導致自然災害頻繁，尤其美國加州年年都有大火事件，引發的災情愈來愈嚴重，2020年美國就有超過1,000萬英畝的土地被燒毀，是1990～2000年平均的三倍，總損失約1,700億美元。2021年美國太平洋國家實驗室（PNNL）開發能迅速分析野火的災害應對系統（RADRFIRE），能透過衛星影像繪製火災全貌，更結合AI、雲端演算工具等技術預測野火路徑，減輕自然天災對關鍵基礎設施如電網的損害。

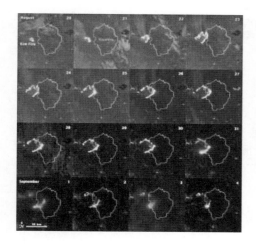

2013年8月17日美國加州斯坦尼斯勞斯國家森林，森林內世界之環景點，發生環火森林火災，迅速蔓延至優美勝地國家公園。至9月6日為止，發生範圍是自1932年有記錄以來的第三大森林火災。左圖影像為Suomi NPP衛星所搭載的VIIRS拍攝8月20日～9月4日的大火蔓延過程。Suomi-NPP衛星使用VIIRS探測儀，能夠在夜間從太空觀測到地上火災的燃燒前沿。

右：火積雲系統示意圖（CNN/BOM），2019年澳洲大火不僅在當地造成破壞，因前所未有的條件，包括灼熱和破記錄的乾燥導致形成異常大量的火積雲或焦積雲事件。它是火災引起的雷暴，由過熱的上升氣流引起的灰燼、煙霧和燃燒材料所上升引起的。隨著這些物質的冷卻，形成類似一般雷暴的積雲，但並沒有伴隨降水。

③雲　　　　④雷雨
②煙羽冷卻
①煙羽
⑤下瀑流
⑥閃電

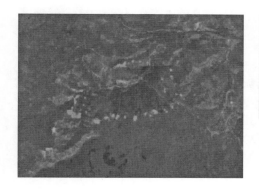

左圖為RADRFIRE 系統從猶他州以南的野火中評估的圖像（圖/PNNL），2021年美國太平洋國家實驗室（PNNL）開發能迅速分析野火的災害應對系統（RADRFIRE），透過衛星影像繪製火災全貌，更結合AI、雲端演算工具等技術預測野火路徑，減輕自然天災損失。

3-4 2019年PM$_{2.5}$汙染導致歐盟30.7萬人過早死亡

　　地球大氣組成在近數億年來才漸趨穩定，但隕石撞擊和火山爆發等偶發事件仍會造成小部分大氣成分的變動。而人類自會用火之後即開始汙染空氣，顯著破壞始於18世紀中葉的工業革命；許多國家為了開拓農地，大規模燃燒森林，不但削弱大自然自我清潔能力，燃燒森林所產生的CO$_2$、SO$_2$及**氮氧化合物**（nitrogen oxide）包括一氧化氮（NO）、一氧化二氮（N$_2$O，笑氣）、二氧化氮（NO$_2$）、三氧化二氮（N$_2$O$_3$）、四氧化二氮（N$_2$O$_4$）及五氧化二氮（N$_2$O$_5$）等氣體以及氣懸粒子，也使得空氣汙染更嚴重。

　　氣懸粒子會造成酸雨、散射陽光，並且影響雲霧的形成，對自然生態、地球輻射能量的收支平衡及天氣變化都有影響。世界衛生組織2013年10月18日首度將戶外空氣汙染列為人類致癌主要因素，國際癌症研究中心（IARC）表示，空氣汙染含有氮氧化物、重金屬和懸浮顆粒等有害物質，對人類影響嚴重的可能增加罹患肺癌和膀胱癌的風險。根據WHO統計，2010年全球有223,000人死於空氣汙染導致的肺癌。中國每年則有5萬人因為空汙提早死亡，居民壽命減少18年。根據瑞士空氣品質科技公司（IQAir）2020年排名，印度首都新德里連續3年蟬聯全球空汙最嚴重的首都城市，並指出全球空汙最嚴重的30個城市裡，印度就占了22個。

　　研究對流層空氣汙染，主要包括碳氧化物、硫氧化物、氮氧化物、碳氫化物和氣膠的源、匯和循環；以及汙染物之間的化學反應和對流層空氣汙染形成的化學機制。對流層空氣汙染的化學機制，主要分為下列2種類型：

　　1. SO$_2$的氧化機制：SO$_2$是由煤炭、石油等礦物燃料燃燒產生的主要汙染物，其中一部分在大氣中被氧化成硫酸或硫酸鹽氣膠。由於比重大，容易沉降於地面附近，尤其常在山谷或盆地地區匯聚成酸霧，因而造成汙染；或隨著降水形成酸雨。硫酸的為害，遠遠超過SO$_2$，引起科學家重視SO$_2$的氧化機制。

　　2. O$_3$的形成化學機制：由氮氧化物和碳氫化物，在紫外線輻射作用下，發生光解和一系列氧化反應，生成O$_3$和其他氧化物，如**過氧乙醯硝酸酯**（Peroxyacetic nitric anhydride，PAN）和醛類等。當有芳香胺汙染物存在時，煙霧中能檢出致癌物亞硝胺。

　　2017年2月中國首份陰霾對公眾健康影響研究報告，顯示2013年陰霾中的PM$_{2.5}$導致中國31個省會城市或直轄市中有25.7萬人超額死亡，意味著如果PM$_{2.5}$汙染沒那麼嚴重，這些人本來不會死亡，超額死亡人數愈多，表示居住在那裡的健康風險愈大。2021年11月15日歐洲環境保護署報告指出，2019年PM$_{2.5}$汙染導致歐盟30.7萬人過早死亡，如果歐盟27個成員國達到世界衛生組織制定的新空氣質量目標，那麼其中一半以上的生命是可以挽救的。歐盟的目標是到2030年，PM$_{2.5}$導致的過早死亡人數至少較2005年減少55%。

PM$_{2.5}$是怎麼來的？

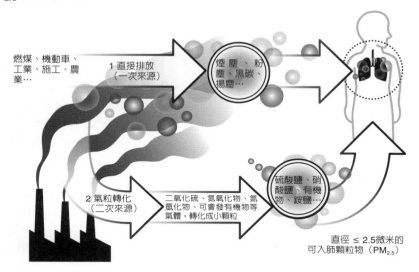

燃煤、機動車、工業、施工、農業…

1 直接排放（一次來源）

煙塵、粉塵、黑碳、揚塵…

2 氣粒轉化（二次來源）

二氧化硫、氮氧化物、氮氧化物、可會發有機物等氣體，轉化成小顆粒

硫酸鹽、硝酸鹽、有機物、銨鹽…

直徑 ≤ 2.5微米的可入肺顆粒物（PM$_{2.5}$）

PM$_{2.5}$怎樣「殺人」？

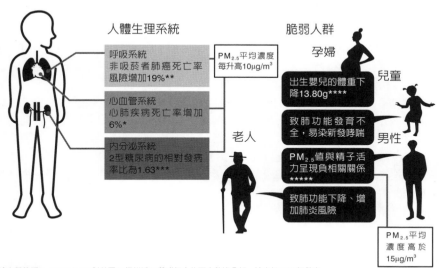

人體生理系統

呼吸系統
非吸菸者肺癌死亡率風險增加19%**

心血管系統
心肺疾病死亡率增加6%*

內分泌系統
2型糖尿病的相對發病率比為1.63***

PM$_{2.5}$平均濃度每升高10μg/m^3

脆弱人群

孕婦

兒童

出生嬰兒的體重下降13.80g****

致肺功能發育不全，易染新發哮喘

男性

PM$_{2.5}$值與精子活力呈現負相關關係*****

老人

致肺功能下降、增加肺炎風險

PM$_{2.5}$平均濃度高於15μg/m^3

*楊百翰大學教授C. Arden Pope對美國50個州近50萬成年人的死亡數據分析，論文於2002年發表
**渥太華大學流行病學專家Michelle Tumer 2011年發表的研究，對近十九萬名終生未吸菸者進行了健康分析
***波士頓大學的流行病學高級教授Patricia F. Coogan 2012年發表的對洛杉磯黑人婦女進行的隊列研究
****哈佛大學公共衛生學院訪問科學家Etai Kloog對美國麻省2000-2008年的PM2.5水平和新生兒出生體重的關聯性進行的調查
*****2010年，密西根州生育中心的Ahmad Hammoud博士對鹽湖城縣26歲到39歲的男性的精子研究，包括877個精子和1699次精液分析

資料來源：北京大學公共衛生學院，綠色和平組織，「危險的呼吸2—大氣pm2.5對中國城市公眾健康效應研究」

上圖：中國環保部監測顯示，京津冀主要空氣汙染源中，二次生成約占50～60%。
下圖：心血管系統、呼吸系統以及內分泌系統在不同程度上都會受到PM$_{2.5}$的損害（圖／端傳媒）。

3-5 空氣汙染物來源與人體健康

空氣汙染物來源主要分為自然界的釋出以及人類活動的製造兩類。自然界的釋出包括有沙塵暴、火山活動、海鹽飛沫、森林火災及地殼岩石風化等自然現象所產生的；而人類活動製造的，可分為：1.固定源，主要指工業汙染。2.移動源，主要指機動車輛汙染。3.逸散源主要指營建與農業汙染與4.其他餐飲與金紙燃燒等。包括：**(1)懸浮微粒（PM$_{10}$）**：PM$_{10}$粒徑＜10微米（μm）之粒子，又稱**浮游塵**（floating dust）。主要來源包括道路揚塵、車輛排放廢氣、露天燃燒、營建施工及農地耕作等，或由原生性空氣汙染物轉化成之二次汙染物，由於粒徑小，能深入人體肺部深處，如附著其他汙染物，則將加重對呼吸系統之危害。**(2)二氧化硫（SO$_2$）**：為最常見的硫氧化物之無色氣體，有強烈刺激性氣味，大氣主要汙染物之一。火山爆發時常噴出此種氣體，在許多工業過程中也會產生SO$_2$。由於煤和石油通常都含有硫化合物，因此燃燒時會生成SO$_2$。當SO$_2$溶於水，會形成亞硫酸成為**酸雨**（Acid Rain）的主要成分。**(3)氮氧化物（NO$_x$）**：NO$_x$主要包括NO及NO$_2$，係來自燃燒過程中，空氣之氮或燃料中氮化物氧化而成。NO為無色無味氣體，稍溶於水，燃燒過程生成之NO$_x$以NO為主要成分，光化學反應中可反應成NO$_2$。NO$_2$為具刺激味道之赤褐色氣體，易溶於水，與水反應為亞硝酸及硝酸；參與光化學反應，吸收陽光後分解成NO及O$_2$，在空氣中可氧化成硝酸鹽，為造成酸雨原因之一。**(4)一氧化碳（CO）**：CO為無色無味，較空氣輕之氣體，除由森林火災、甲烷氧化及生物活動等自然現象產生外，主要來自石化等燃料之不完全燃燒產生；由於CO對血紅素的親和力比氧氣大得多，因此可能造成人體及動物血液和組織中氧氣過低，而產生中毒現象。**(5)臭氧（O$_3$）**：O$_3$係由氮氧化物、反應性碳氫化合物及日光照射後產生之二次汙染物。具強氧化力，對呼吸系統具刺激性，能引起咳嗽、氣喘、頭痛、疲倦及肺部之傷害，特別是對小孩、老人、病人或戶外運動者，同時對於植物有不良影響。**(6)霾（haze）**：霾指懸浮於空氣中之塵埃或鹽類等非吸水性固體微粒，肉眼無法辨識；霾在大氣中多呈乳白色，惟對遠地明亮之背景，則成黃色或橘紅色；反之對較陰暗之背景，則顯示淡藍色，此乃霾質點所產生之光學效應，亦即光線被霾質點散射所造成。近年印尼常發生森林大火，造成嚴重霾害，連馬來西亞、新加坡和泰國等鄰近地區都受波及，造成居民健康受損，觀光事業也因此停擺。

我國自2016年起依行政院環境保護空氣品質指標（Air Quality Index, AQI），乃依據環保署設置之一般空氣品質自動測站監測資料，將當日空氣中臭氧、細懸浮微粒、懸浮微粒、一氧化碳、二氧化硫及二氧化氮濃度等數值，以其對人體健康的影響程度，分別換算出各汙染物之副指標值，再以當日副指標之最大值為該測站當日之AQI。

一次汙染物　　　　　　　衍生性汙染物

CO、NO、SO$_2$、NO$_2$、PM$_{10}$、PM$_{2.5}$　　　O$_3$、PM$_{2.5}$

境外汙染物

森林大火、風化、沙塵等（自然起源）　交通運輸　工業排放（自然起源）　海洋飛沫

農業畜牧業　地表揚塵　工地粉塵

空氣汙染物來源主要分為自然界的釋出以及人類活動的製造兩類。自然界的釋出包括有沙塵暴、火山活動、海鹽飛沫、森林火災及地殼岩石風化等自然現象所產生的；而人類活動製造的可分為：固定源，主要指工業汙染、移動源，主要指機動車輛汙染、逸散源主要指營建與農業汙染與其他餐飲與金紙燃燒等。

修正空氣品質嚴重惡化緊急防制辦法

* 因應PM$_{2.5}$管制，增列PM$_{2.5}$各等級濃度值。
* 依據空氣品質汙染程度區分為預警、初級、中級及緊急四等級。

項目		預警	嚴重惡化			單位
			初級	中級	緊急	
空氣品質指標（Air Quality index, AQI）		>100 對敏感族群不良	>200 非常不良	>300 有害	>400 有害	
懸浮微粒（PM$_{10}$）	小時平均值	- -	-	1050 達續二小時	1250 達續三小時	μg/m^3（微克／立方公尺）
	二十四小時平均值	126	355	425	505	
細懸浮微粒（PM$_{2.5}$）	二十四小時平均值	35.5	150.5	250.5	350.5	μg/m^3（微克／立方公尺）
二氧化硫（SO$_2$）	小時平均值	76	305 （24小值平均值）	605 （24小值平均值）	805 （24小值平均值）	ppb（體積濃度十億分之一）
二氧化氮（NO$_2$）	小時平均值	101	650	1250	1650	ppb（體積濃度十億分之一）
一氧化碳（CO）	八小時平均值	9.5	15.5	30.5	40.5	ppb（體積濃度百萬分之一）
臭氧（O$_3$）	小時平均值	0.125	0.205	0.405	0.505	ppb（體積濃度百萬分之一）

環保署空氣品質保護及噪音管制處 2016年11月29日 實施空氣品質指標(Air Quality Index, AQI) 超標啟動預警，防止空氣品質嚴重惡化。

3-6 光化學煙霧使臭氧濃度升高易引起哮喘支氣管炎和肺氣腫

　　化學煙霧（chemical smog）分爲**硫酸煙霧**（Sulfurous smog）和**光化學煙霧**（Photochemical smog）二種。硫酸煙霧是二氧化硫或其他硫化物、未燃燒的煤塵，和高濃度的霧塵混合後起化學作用所產生，也稱**倫敦型煙霧**（London type smog），二氧化硫在空氣中產生的硫酸煙霧是酸雨中主要的酸性成分。光化學煙霧是汽車廢氣中的碳氫化合物和氮氧化物通過光化學反應所形成，也稱**洛杉磯型煙霧**（Los Angeles-type smog），**光化學煙霧汙染的標誌是臭氧濃度升高。**

　　光化學煙霧指大氣中的氮氧化物和碳氫化合物等一次汙染物，及其受紫外線照射後產生以臭氧爲主的二次汙染物，所組成的混合汙染物，是一種帶有刺激性的棕紅色煙霧，長期吸入會引起咳嗽和氣喘，濃度達50ppm時，人將有死亡危險。因汽車廢氣中含有燃燒不完全的燃料和各種氧化物，其中氮的氧化物啓動形成煙霧的連鎖反應，一氧化氮和氧作用，產生能吸收陽光的二氧化氮，並排出活潑的氧原子，二氧化氮和氧原子再和燃燒不完全的烴類化合，產生讓人不舒服的醛類和硝基過氧乙醯，此二種物質正是化學煙霧傷害人的元凶。

　　美國西南海岸的洛杉磯，西面臨海，三面環山，早期因金礦、石油和運河的開發，使它很快成爲商業與旅遊業都很發達的港口城市。惟自1940年代初開始，每年從夏天到早秋，只要是晴朗的日子，城市上空就會出現一種彌漫天空的淺藍色煙霧，使人眼睛發紅、咽喉疼痛、呼吸憋悶、頭昏或頭痛。1943年以後，煙霧更加肆虐，甚至離城市100公里以外，海拔2,000公尺高山上的大片杉林也因此枯死，柑橘減產；這就是著名的洛杉磯光化學煙霧汙染事件。

　　19世紀的工業革命，倫敦因大量使用煤炭燃料，燃煤後的煙塵與霧混合，滯留地表上，市民吸入煙霧導致呼吸道疾病的患者增加，1950年代以前的100年間倫敦有大約10次大規模煙霧事件，其中以1952年事件最嚴重。中國科學院2013年2月公布中國「大氣灰霾追因與控制」專案研究，近年的強霧霾事件，是異常天氣造成大氣穩定、人爲汙染排放、浮塵和豐富水氣共同作用的結果，爲自然和人爲因素所共同作用的事件。霧霾中除了含大量危險有機物質外，還有1940年代造成逾800人死亡的美國洛杉磯化學煙霧中主要成分，以及英國倫敦1950年代煙霧事件的汙染物。

　　地表臭氧是大氣煙霧的主要成分，並非直接被排放到大氣中，而是氮氧化物和揮發性有機化合物在陽光下產生化學反應而來。氮氧化物和揮發性有機化合物等氣體，又稱臭氧前驅物，主要來自於煤炭和石油燃燒等人類活動，以及植物等天然排放源。**平流層的臭氧能幫助地球阻擋來自太陽的紫外線輻射，但地表臭氧可能引起哮喘、支氣管炎和肺氣腫等健康問題。**即使短時間暴露於有害臭氧濃度，也能導致死亡率升高；此外臭氧汙染也損壞作物和其他植物。

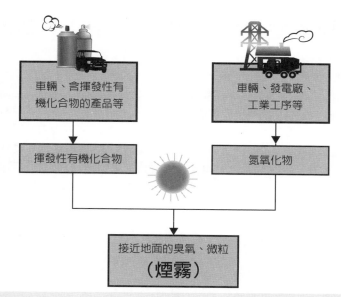

化學煙霧形成機制示意圖。光化學煙霧是汽車廢氣中的碳氫化合物和氮氧化物通過光化學反應所形成，也稱**洛杉磯型煙霧**。平流層的臭氧能幫助地球阻擋來自太陽的紫外線輻射，但地表臭氧可能引起哮喘、支氣管炎和肺氣腫等健康問題。

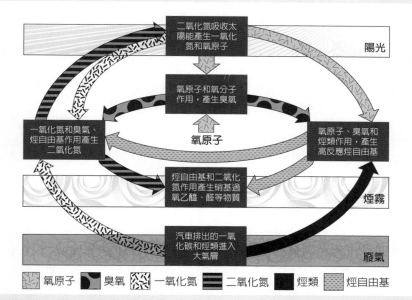

光化學煙霧指大氣中的氮氧化物和碳氫化合物等一次汙染物，及其受紫外線照射後產生以臭氧為主的二次汙染物，所組成的混合汙染物。光化學煙霧是汽車廢氣中的碳氫化合物和氮氧化物通過光化學反應所形成，光化學煙霧汙染的標誌是臭氧濃度升高。來自地面汙染的臭氧，如汽機車、發電廠及煉油廠等所排放的氮氧化合物及碳氫化合物，經光化學作用則會產生臭氧，這只會在近地層增加臭氧，平流層上方並沒有受到影響。

3-7 酸雨會使土壤酸化水質汙染影響人類健康

　　酸雨（acid rain）顧名思義指雨是酸的，其正名為**酸性沉降**（acid deposition），可分為**濕沉降**（wet deposition）與**乾沉降**（dry deposition）兩大類。濕沉降指氣狀或粒狀汙染物隨雨、雪或霧等降水型態降落地面者；乾沉降則指沒下雨日，從空中降下來的落塵所帶的酸性物質。化學上定義水之pH（酸鹼）值＝7為中性，＜7則為酸性。大氣中本就存在著一些酸性氣體，如二氧化碳和二氧化硫等，因此一般的雨水通常也略帶酸性，平均pH值≒5；一旦空氣汙染物中的酸性物質增加，致使雨水pH值＜5時，便稱為酸雨。

　　工業化後人類在燃燒過程中產生CO、HC、SO_2、NO_x及懸浮固體物，排放至大氣環境中，經光化學反應生成硫酸、硝酸等酸性物質使得雨水之pH值降低，形成酸雨。一般而言NO_3^-及SO_4^{2-}為主要的致酸物質，由硫氧化物與氮氧化物轉化而來；Ca^{2+}及NH_4^+為主要的中和（致鹼）物質。

　　酸雨的成因是一種複雜的大氣化學和大氣物理的現象，酸雨中含有多種無機酸和有機酸，絕大部分是硫酸和硝酸。工業生產、民用生活燃燒煤炭排放出來的二氧化硫，燃燒石油以及汽車排放出來的氮氧化物，經過雨滴成長過程，即水氣凝結在硫酸根、硝酸根等凝結核上，發生液相氧化反應，形成硫酸雨滴和硝酸雨滴；又經過雨滴下降過程，即含酸雨滴在下降過程中不斷合併吸附、沖刷其他含酸雨滴和含酸氣體，形成較大雨滴，最後降達地面形成酸雨。

　　對人類而言，**酸雨最大的壞處就是使土壤酸化，會造成礦物質大量流失，除影響植物成長，鋁離子還會對水中生物有毒害，造成水質汙染**，溶解在水中的有毒金屬被水果、蔬菜和動物的組織吸收，因此間接影響人類所需食物的安全。作為水源的湖泊和地下水酸化後，由於金屬溶出，對飲用者健康會產生有害影響。

　　酸雨會傷害植物的新生芽葉，從而影響其發育生長；也會腐蝕建築材料、金屬結構、油漆等並將碳酸鹽分解成二氧化碳氣體，造成雕像表面斑駁或脫落。其化學反應方程式為：

$$CaCO_3 + 2H^+ \longrightarrow CO_2 + H_2O + Ca^{+2}$$

因此酸雨除了會腐蝕建築物與石雕之外，也會造成古蹟的毀損，尤其是一些用石灰岩所建造的。

　　我國環保署全臺設有14個酸雨觀測站，調查揭露2020年中壢降雨酸鹼度pH平均值4.96，是全臺唯一達到pH平均值5.0以下酸雨標準的測站，酸雨發生率更高達63%，自2018年起連續3年蟬聯全臺最酸的天空。酸雨並非單一性問題，與空汙、溫室氣體排放息息相關且長年累積，無法「懸崖式」快速解決，近年透過降低電廠、鍋爐及移動性汙染源排放，現在剩下中壢酸雨狀況較顯著，但趨勢上也有改善。

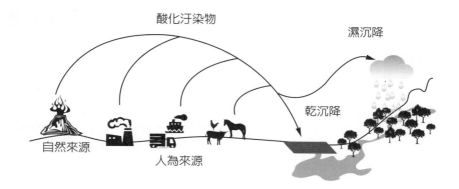

一般酸水化學組成中，主要包括H^+、Cl^-、NO_3^-、SO_4^{2-}、NH_4^+、K^+、Na^+、Ca^{2+}及Mg^{2+}等9種，來源包括自然及人為2種，沉降方式分為濕沉降與乾沉降2大類。

正常的湖泊和森林

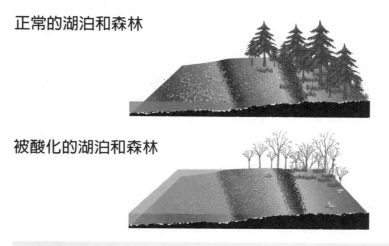

被酸化的湖泊和森林

酸雨傷害植物的新生芽葉，從而影響其發育生長。防治酸雨是一個國際性的環境問題，不能依靠單一國家解決，必須共同採取對策，減少硫氧化物和氮氧化物的排放量。

酸雨腐蝕建築材料、金屬結構、油漆等，古建築、雕塑像也會受到損壞。

3-8 臭氧層破壞加強溫室效應使氣候異常更加惡化

　　1970年荷蘭氣象學家克魯琛（Paul Crutzen）指出，氮氧基（NO或NO₂）如何透過催化反應破壞臭氧層。1974年美國科學家馬里奧莫利納（José Mario Molina）及舍伍德羅蘭（Frank Sherwood Rowland）提出**氟氯碳化物**（Chlorofluorocarbons，CFCs）類物質對臭氧層的傷害理論。後經證實廣泛使用於噴霧推進器、冷媒及發泡等用途的氟氯碳化物，排放於大氣中會緩慢的移到平流層，經紫外線照射反應分解成氯原子並破壞臭氧。1985年英國科學家法曼（Joseph C. Farman）發現南極上空的臭氧層破洞，的確與氯濃度之間呈「彼消我長」的反對應關係。

　　1995年諾貝爾化學獎由克魯琛（Paul J. Crutzen）、馬里奧莫利納（Mario J. Molina）及舍伍德羅蘭（Frank Sherwood Rowland）等3位教授共同獲得，由於他們對臭氧層濃度平衡機制的研究貢獻；人造氟氯碳化物破壞臭氧層攸關全人類未來的生存，**臭氧保護層減弱，將無法遏阻紫外線對地球各種生物的傷害，且臭氧層遭破壞會增強溫室效應，促使全球暖化與氣候異常更加惡化。**

　　聯合國環境規劃署於1987年簽署**蒙特婁議定書**（Montreal Protocol），強制措施管制各國氟氯碳化物之生產及消費；1990年於英國倫敦召開蒙特婁議定書第二次締約國會議，擴大管制物質範圍將CFC、四氯化碳及1,1,1-三氯乙烷納入管制，並決議五種CFC及三種海龍於2000年之前停產。1995年12月於奧地利維也納締約國會議，決議必須於2030年全面廢除HCFC。蒙特婁議定書成為國際環保公約的典範，至1999年8月31日止締約國共170個國家，已開發國家已全面廢除CFC、海龍、四氯化碳及1,1,1-三氯乙烷，而開發中國家也於1999年7月1日起開始凍結其國內的CFC消費量。

　　依據NASA衛星觀測資料，2017年南極地區的臭氧層，比起1975年約已削弱33%，每年9月至12月間，強烈的西風在南極大陸造成極地渦旋，有50%以上的平流層臭氧被破壞或稱「臭氧層破洞」，臭氧雖然在大氣中含量很少，但對吸收紫外線有很大的功用，雖然紫外線的增加同時也會在大氣下層促使更多的氧分子轉為臭氧，但因在下層的轉換要比上層慢許多，總體而言臭氧層的破壞還是會造成地面紫外線的增加。

　　臭氧層位於平流層中，主要作用為吸收有害的短波紫外線，然而臭氧層破洞不只導致紫外線抵達地面的量增加，還引起南半球大氣發生重大變化，並連帶影響世界各地的天氣劇烈改變，尤其是南美、東非和澳洲的降雨。臭氧層破洞導致南半球大氣層中的高速氣流或稱**噴射氣流、高空急流、極鋒噴流**（Jet Stream）向南移動，其中一個副作用就是帶走雨水，如導致澳洲原本多雨的地區在過去30年忽然降雨減少出現乾旱。2020年3月NOAA地球系統研究團隊，利用各種模型模擬後表示，南半球高速氣流停止南移，驅動力確實是因臭氧層恢復健康。

臭氧破洞主因

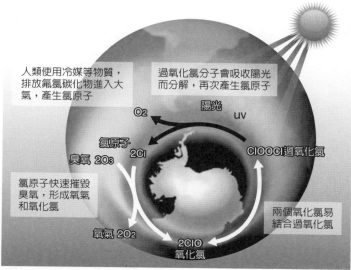

人類使用冷媒等物質，排放氟氯碳化物進入大氣，產生氯原子

過氧化氯分子會吸收陽光而分解，再次產生氯原子

O2　　陽光　UV

氯原子 2Cl

臭氧 2O3

ClOOCl 過氧化氯

氯原子快速摧毀臭氧，形成氧氣和氧化氯

兩個氧化氯易結合過氧化氯

氧氣 2O2

2ClO 氧化氯

資料來源／NASA、中研院原分所

臭氧層破洞原因（NASA）。

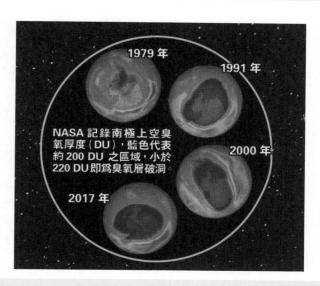

1979 年

1991 年

NASA 記錄南極上空臭氧厚度（DU），藍色代表約 200 DU 之區域，小於 220 DU 即為臭氧層破洞。

2000 年

2017 年

人造衛星所拍攝1979年至2017年間南極臭氧洞情形比較。由於人類大量使用氟氯碳化物的化學物質，破壞臭氧層使南極臭氧層出現破洞。臭氧層破洞導致南半球大氣層中的高速氣流向南移動，其中一個副作用導致澳洲原本多雨的地區在過去30年忽然降雨減少、出現乾旱。2020年3月NOAA地球系統研究實驗室團隊，利用各種模型進行電腦模擬後表示，南半球高速氣流的南移行為停頓下來甚至略有逆轉，驅動力並非風的自然變化，而確實是因為臭氧層恢復健康。

第4章
探討地球氣候如何變化

4-1 了解地球的氣候系統

　　一地短時間的大氣變化，稱為天氣；而一地長時期天氣的平均狀態，則稱為氣候。氣候是指某一地方多年來天氣的平均狀況，以冷、暖、乾及濕等這些變量來衡量，包括溫度、濕度、氣壓、風力、降水量及眾多其他氣象要素，在長時期及特定區域內的統計數據。地球氣候具有多重時間尺度特性，為了解它變化較緩慢的部分，因此必須作某種篩選，以濾除氣候系統中變化較快的部分；世界氣象組織採用30年計算氣候特性，因此各國每隔30年就必須公布當地氣候統計量。許多氣候研究，常以1951～1980年的平均氣候狀態做為參考，探討氣候變化。

　　地球的**氣候系統**（climate system）包含大氣、海洋及陸地等3大分量，因此氣候變化的表徵雖呈現在大氣變數（如溫度及降水）上，它實際上是3大氣候分量交互作用產生的結果。如再細分且考慮生物的影響，地球氣候系統乃由**大氣圈**（Atmosphere）、**水圈**（Hydrosphere）、**冰雪圈**（Cryosphere）、**岩石圈**（Lithosphere）和**生物圈**（Biosphere）等5大圈所構成。

　　大氣圈變化最快，對人類生活影響也最大，不但受到其他4圈的影響，也受人類活動所影響。其他4圈對人類的影響，也是透過大氣圈，所以大氣圈是氣候系統核心。大氣圈的厚度大約有100～120公里，大氣圈和圈外太空之間並沒有明確的界線。水圈是由地球上的水所組成，包含海洋、湖泊、江河、地表以及地下水。海洋和陸表的水透過蒸發或蒸散轉變為水汽進入大氣，水汽在大氣中形成雲、雨及雪等之後，有一部分降落地面，一部分留在陸上或流入海洋，還有一部分則滲入地下成為地下水或地下徑流，這種週而復始的變化稱為**水循環**（water cycle）。

　　岩石圈是指固體地球的表層部分，範圍從地表到100公里深處，在**軟流圈**（asthenosphere）以上，包括地殼和一小部分上部**地涵**（Mantle）物質。岩石圈由冷而堅硬的岩石所構成，會受軟流圈帶動，產生漂移，造成地殼變動，岩石圈透過陸面過程影響大氣。冰雪圈是指在地表上，水以固態形式出現的地區，包括海冰、湖冰、河冰、積雪、冰河、冰帽及冰蓋。地球上水分總量的2.6%為淡水，其中80%為冰雪，即地球上的冰雪圈。

　　氣候系統中各個部分的變化，如冰雪圈的冰原變化、生物圈的植被類型和分布變化、大氣圈的大氣或水圈的海洋溫度變化都會影響大氣和海洋的環流特徵。因地球呈球形，到達熱帶地區的太陽能量比到達高緯地區的能量多，在高緯地方，太陽通過大氣和和海洋環流，包括風暴系統，能量從赤道地區輸送到高緯地區。從海洋或陸地表面蒸發水需要能量，當水蒸氣在雲中凝結時，潛熱被釋放出來，大氣環流主要是透過潛熱釋放來驅動。反之，通過風作用在海洋表面，以及通過降水和蒸發改變海洋表面的溫度和鹽度，大氣環流又驅動了許多海洋環流。

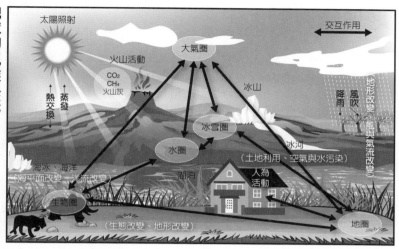

地球的氣候系統圖：地球氣候系統包含大氣圈、水圈、冰雪圈、地圈及生物圈。因此大氣、水、冰雪、土壤和生物，構成整體地球的氣候系統。同時，太陽的照射和人類的活動，也影響著氣候的變動。氣候系統中溫室氣體濃度增加使地球氣候變暖，雪和冰就會開始融化。雪和冰融化後，原來藏在雪和冰下面的深色地面露出水面，這些深色的表面吸收更多的太陽熱量，就會造成進一步增溫，進而又造成更多的雪、冰融化，週而復始，愈演愈烈。這種反饋循環被稱為冰反照率反饋，增強由溫室氣體增加而造成的全球暖化現象。

世界陸地自然帶的分布

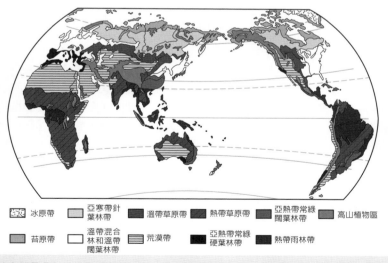

地球陸地自然帶分布：從高溫多雨的赤道到冰雪覆蓋的極區，從濕潤的沿海到乾燥的內陸，形成各種各樣的自然地理環境。其中最能體現自然地理環境差異性的自然地理要素就是「陸地自然帶」，就是指地球表面呈帶狀分布，具有一定寬度的地帶性自然區劃單位。每一個自然帶都有能代表該自然帶的典型植被種類類型。

4-2 地球氣候變化史

自46億年前地球誕生後，地球的氣候就不停地運轉著，期間冷暖氣候多次交替出現，並已歷經35次**冰期**（glacial age/ice-age）。如果將過去100萬年大氣溫度變化的曲線放大，我們發現尚有許多振幅較小的溫度變化。過去一百萬年的前50萬年氣溫偏低，後50萬年的氣候則較為暖和。10幾萬年前為**間冰期**（interglacial stage），氣溫比20世紀初的氣溫還高；最近一次冰期的鼎盛時期約發生於1萬8千年前，目前的氣候屬於脫離冰期之後較為溫暖的時期。

自脫離上一個冰期後，地球大氣溫度雖明顯上升，但還是具有冷暖交替現象，溫度變化差達4～5℃之多。目前的氣候並非最暖期，例如6～4千年前的氣候，就比目前還要暖和；過去1萬年中，經歷了4次冷暖交替變化。

古氣候學到了二十世紀六十年代才引起地球物理科學家的注意，在歷史時期缺乏天文學、氣象學和地球物理學現象的可靠記載，唯中國的許多古文獻中有颱風、洪水、旱災、冰凍等一系列自然災害的記載，以及太陽黑子、極光和彗星等不平常現象的記錄。除歷代官方史書記載外，很多地方誌以及個人日記和旅行報告都有記載，可惜都非常分散，中國自1900年才開始有儀器觀測氣象記載，但局限於東部沿海區域。

西元1000年初始，歐洲的氣候比後來的小冰河期暖和許多。有些地區，溫暖的氣候甚至可回溯至4～5世紀。許多古籍的記錄、古代耕地遺跡、建築物及樹輪等皆留下蛛絲馬跡，成為後代科學家重建古氣候的依據。記錄資料顯示，此期間歐洲氣候十分溫和，豐收不斷，甚少饑荒。

冰島人在西元982年首次抵達格陵蘭，之後更往西航行至加拿大。在冰島及格陵蘭甚至有穀類作物收成，而且漁獲頗豐。冰島的古籍記載一件英勇事蹟：在西元985～1000年間，有人泳渡格陵蘭峽灣帶回一隻成羊。依據人類體能估計，即使是長泳選手，當時的海水溫度最低也必須在10℃以上，才能完成該項壯舉。該峽灣的現代海溫甚少高過6℃，顯示當時的氣候可能比現代溫暖許多。

當時歐洲大陸的葡萄園開墾範圍，比目前還往北推約500公里，英格蘭目前仍存在許多中世紀葡萄園遺跡，就是最好的證據。但類似的溫暖氣候並未在當時的中國、日本一帶發生。依中國古氣候學家的估計，隋朝到北宋期間的中國氣候比20世紀來得暖和，但是到了北宋太宗中期（西元10世紀），氣溫迅速下降，進入長達數百年之久的冷候期。漢代以前，黃河流域溫暖多雨，仍有稻、竹等植物；南宋時，氣候較寒冷而且乾旱，稻、竹等已不多見，時至今日，依然如此。中國古籍確切地記載氣候變化，如唐太宗本紀記載：貞觀23年（西元649年）高宗即位，冬無雪。

過去8億年冷暖氣候的大循環（megacycle）

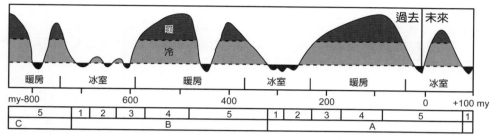

（來源：Van Andel, 1994）

地球寒冷冰期與溫暖間冰期不斷循環示意圖，上圖為過去8億年冷暖氣候的大循環（圖／Van Andel, 1994）。

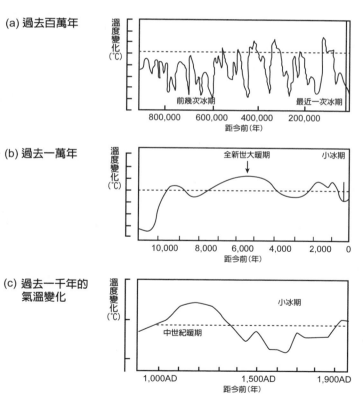

（來源：Folland and et al.. 1990）

過去百萬年以來的氣候變化：(a)過去百萬年，(b)過去一萬年，(c)過去一千年的氣候變化。實線為各年代氣溫與二十世紀初期氣溫（虛線）的差值（圖／Folland and et al.. 1990）。

4-3 地球氣候形成因素

氣候的形成主要由於熱量的變化而引起的，因而氣候形成因素，主要有3個：

1. 太陽輻射因素：太陽輻射是地面和大氣熱能的來源，地面熱量收支差額是影響氣候形成的重要原因。對於整個地球而言，地面熱量的收支差額為零，但對於不同地區，地面所接受的熱量存在差異，因而會對氣候的形成產生影響。同時，地面接受熱量後，與大氣不斷進行熱量交換，熱量平衡過程中的各分量對於氣候形成也有重要影響。

2. 地理因素：地理因素對氣候形成的影響表現在地理緯度、海陸分布、地形和洋流上，而地理因素對氣候形成的影響歸根究底還是可以歸結到太陽輻射因素上。

3. 下墊面（underlying surface）因子：與大氣下層直接接觸的地球表面大氣圈，以地球的水陸表面為其下界，稱為大氣層的下墊面。下墊面因子包括：洋流、地面植被、下墊面對太陽輻射的吸收和反射、折射及散射等。

假設地球為表面光滑而質地均勻的球體，則緯度成為影響氣候的最主要因素，同一緯度地區，氣候情況應該是很相似的。但實際上，地球有高山、有平地、有海洋、有陸地、有森林及荒漠，這些差異都會影響氣候差異。其他影響氣候因素如高度、坡向、風向、地形、陸地同海水差異及與海水距離等等。因此造成各地氣候差異的主要因素，包括下列6項：

1. 緯度：緯度高低影響各地太陽入射角的大小、晝夜的長短、四季的變化以及太陽輻射量的多寡。

2. 地勢：地勢高低可使氣候發生變化，同緯度地區之高山和平地的氣候完全不同。

3. 距海遠近：海洋可以調節氣候，距海近易受海洋影響，氣候較溫濕。大陸內部地區，氣溫變化較大，且雨量較少。

4. 盛行風方向：海洋的影響是否能夠深入內陸，須視盛行風的方向而定。如果盛行風由海洋吹向陸地，且能深入內陸，海洋的影響即可達到內陸。如西風帶內，大陸西岸的盛行風多由海洋吹向陸地，東岸多由陸地吹向海洋，因此大陸西岸的氣溫日變化和年變化均較東岸為小，雨量則較東岸為多。

5. 洋流：接近暖流的海岸，氣候溫和多雨，如西歐；接近寒流的海岸，氣候寒冷多霧，如加拿大東岸。

6. 植物：地面有植物保護，如森林，該地氣溫變化會趨緩和，且較濕潤；如果地面完全裸露如沙漠，該地氣溫變化必甚劇烈。

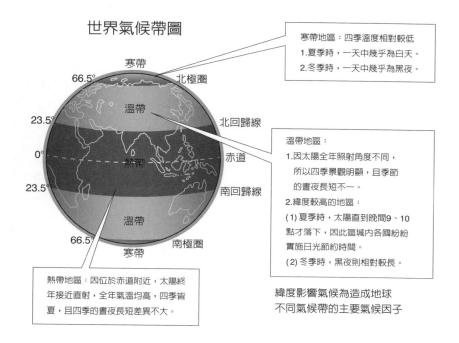

世界氣候帶圖

寒帶地區：四季溫度相對較低
1. 夏季時，一天中幾乎為白天。
2. 冬季時，一天中幾乎為黑夜。

溫帶地區：
1. 因太陽全年照射角度不同，
　所以四季景觀明顯，且季節
　的晝夜長短不一。
2. 緯度較高的地區：
　(1) 夏季時，太陽直到晚間9、10
　點才落下，因此區域內各國紛紛
　實施日光節約時間。
　(2) 冬季時，黑夜則相對較長。

熱帶地區：因位於赤道附近，太陽終
年接近直射，全年氣溫均高，四季皆
夏，且四季的晝夜長短差異不大。

緯度影響氣候為造成地球
不同氣候帶的主要氣候因子

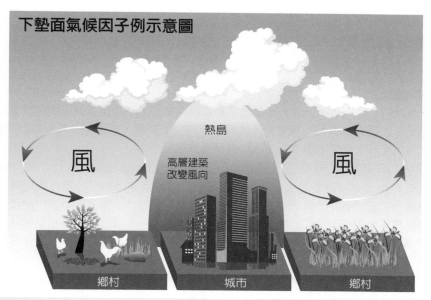

下墊面氣候因子例示意圖：城市熱島效應可以說就是城市化發展，所導致下墊面氣候因子明顯改變後的結果，使城市內的氣溫高於外圍郊區。一般廣闊郊外地區氣溫變化很小，但到了城區部分則明顯出現高溫，如突出海面的島嶼，所以就被形象地稱為熱島效應。夏季時，有些熱島效應城市氣溫，可能比郊區高出6℃，甚至更高。中國最大熱島北京，曾出現與郊區最大溫差達9.6℃，上海與郊區最大溫差曾達6.8℃。

4-4 世界氣候常用的分類法

地球表面受緯度、高度及海陸分布等因素影響，世界氣候分布至為複雜。希臘哲學家帕曼尼德斯（Parmenides）於西元前500年，即基於太陽對各緯度之不同日射，將全球區分為5個氣候帶：赤道熱帶、南北溫帶、兩極寒帶。目前較普遍使用的4種**氣候分類法**（climatic classification）如下：

1. 柯本氣候分類法（Köppen climate classification）

20世紀初期，德國氣象學家柯本（W. Koppen），以溫度和雨量的臨界數值為標準，天然植物為氣候指標，畫分世界氣候為5大類、11個基本型。A類為熱帶多雨氣候，含熱帶雨林（Af）及熱帶莽原（Aw）型。B類為乾燥氣候，含沙漠（Bw）及草原（BS）型。C類為中溫濕潤氣候，含夏乾溫暖（Cs）、冬乾溫暖（Cw）及常濕溫暖（Cf）型。D類為低溫濕潤氣候，含常濕寒冷（Df）、冬乾寒冷（Dw）型。E類為極地氣候，含苔原（ET）及冰冠（EF）型。此法因體系完整，應用方便因此被廣泛採用。

2. 桑士偉氣候分類法（Thornthwaite climate classification）

美國氣候學家桑士偉（W. Thornthwaite）於1948年提出，以可蒸散量（Potential Evapotranspiration）與降雨量作為基礎之氣候分類法，並特別注意蒸發量，以推算有效降水和有效溫度，求取有效降水指數和有效溫度指數，配以季節變化定出類型，一般多應用於農業氣候區分。

3. 斯查勒氣候分類法（Strahler climate classification）

斯查勒氣候分類法是一種動力氣候分類法，1969年斯查勒（A. N. Strahler）認為天氣是氣候的基礎，而天氣特徵和變化又受氣團鋒面氣旋和反氣旋所支配。因此他首先根據氣團源地、分布，鋒的位置和它們的季節變化，將全球分為3大氣候帶，再按桑斯偉氣候分類原則中，計算可能蒸散量和水分平衡的方法，用年總可能蒸散量、土壤缺水量、土壤儲水量和土壤多餘水量等項來確定氣候帶，將全球分為3個氣候帶，13個氣候型和若干氣候副型，高地氣候則另列一類。

4. 阿里索夫氣候分類法（Alisof climatic classification）

1936～1949年蘇聯氣候學家阿利索夫提出以盛行氣團為主、海陸位置為輔的氣候分類法。他認為氣候性質可以反映大氣環流、下墊面特性、洋流與氣流的熱量和水分的輸送等氣候形成因子的影響，是一個比較好的指標。根據盛行氣團和氣候鋒的位置及其季節變化，將全球氣候劃分為赤道帶、熱帶、溫帶、極帶4個基本氣候帶和副赤道帶、副熱帶、副極帶3個過渡氣候帶。除赤道帶外，其他各帶南、北半球各有一個帶。基本氣候帶終年盛行一種氣團，過渡氣候帶盛行的氣團隨季節而變化。除赤道帶外，其他氣候帶再分為若干氣候型，如大陸型和海洋型、大陸東岸型和大陸西岸型。前兩型是海陸性質差異引起的，後兩型是環流條件不同形成的。

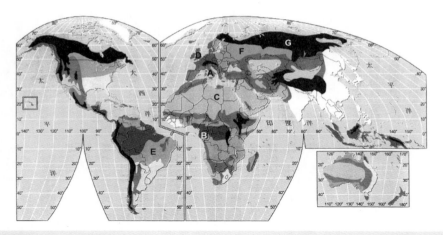

柯本氣候分類法之全球氣候分布圖：A為溫帶地中海型氣候、B為熱帶雨林氣候、C為熱帶沙漠氣候、D為溫帶海洋性氣候、E為熱帶莽原氣候、F為溫帶大陸性氣候、G為寒帶氣候。

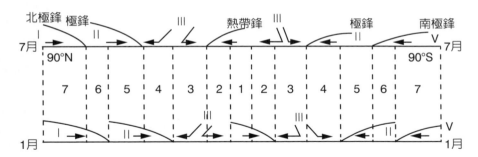

1 赤道帶，2 副熱赤道帶，3 熱帶，4 副熱帶
5 溫帶，6 副極帶，7 極帶

阿里索夫氣候帶分類法：根據盛行氣團和氣候鋒的位置及其季節變化，將全球劃分為赤道帶、熱帶、溫帶、極帶4個基本氣候帶和副赤道帶、副熱帶、副極帶3個過渡氣候帶。

4-5 影響地球氣候變化的自然外在因素

　　影響地球氣候的自然因子不勝枚舉，如太陽輻射量的改變、火山爆發、板塊飄移及地形地物變動等都會影響氣候，但是大氣對其並無回饋作用，即無交互作用，其影響屬於外在因素；而大氣成分的變化、地表狀態的變化、海洋、雲及大氣內部動力等則屬於內在因素，因素之間會產生互相影響，可能造成**正或負回饋**（positive or negative feedback）。歷史上人類的活動曾改變區域氣候，也曾因為氣候變動發生浩劫。自從工業革命以來，人類對自然界的影響程度更是史無前例，已成為重要影響氣候的人為因素！

　　太陽輻射是驅動大氣環流的主要能量來源，太陽與地球之間的距離、太陽輻射入射角等不斷的改變，因此地球所吸收的太陽輻射量也隨之改變。主要影響因素有3：

　　1. 地球公轉軌道的偏心率變化：地球以接近圓形的橢圓形軌道繞太陽公轉，目前的偏心率（eccentricity）為0.018，在過去500萬年中，偏心率變化範圍為0.000483～0.060791，週期約為100,000年。偏心率大小影響太陽輻射入射地球的年累積量：偏心率愈大（小），年輻射量愈小（大），惟造成的變化不大，約為0.014～0.12%。

　　2. 黃赤交角變化：黃赤交角（obliquity）為地球自轉軸與黃道面法線之間夾角，介於22°～24.5°之間（目前為23.5°），變動週期為40,000年。黃赤交角的變動，不會影響地球攔截太陽輻射的總量。如果角度較大，則一年中太陽直射可達的緯度較高，形成夏季太陽輻射量較大，冬季較小。季節變化也因此變大，四季更明顯。相反的，如果角度較小，則季節變化較小，四季較不明顯。

　　3. 歲差：**歲差**（precession）或稱旋進或**進動**，米盧廷米蘭科維奇（Milankovitch）學說指太陽系各行星氣候特徵；解釋地球氣候變遷是因為地球和太陽相對位置的變化，可解釋過去地球冰河時期的發生時間，並可預測地球未來氣候變化。他從數學理論改變地球離心率、轉軸傾角及歲差，以確定地球氣候模式。

　　歲差是自轉物體之自轉軸又繞著另一軸旋轉的現象，這種變化物理學上稱為進動，在天文學上，稱為**歲差現象**（Axial precession）。地球自轉軸的方向相對於恆星的變化週期大約是26,000年。地球自轉軸一直在移動，其路徑宛如圓錐體，繞完一圈約22,000年。目前地球經過近日點時為1月，經過遠日點時為7月。1月時雖日地距離較近，但是太陽直射南半球，因此是北半球的冬季。約11,000年後，地球經過近日點時為7月，經過遠日點時為1月。那時的7月，太陽直射北半球，因此11,000年後，北半球夏季接收到的太陽輻射量會比目前多，冬季時則較少。

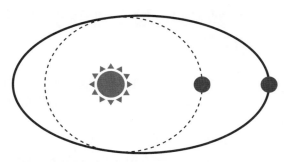

地球軌道從幾近圓形（點線）到橢圓軌道（實線）再回到圓形約需100,000年（並非實際比例繪圖）

　　地球公轉軌道的變化：地球自轉軸路徑宛如圓錐體，繞一圈約22,000年。目前，地球經過近日點時為1月，經過遠日點時為7月。1月時太陽直射南半球，因此是北半球的冬季。約11,000年之後，地球經過近日點時為7月太陽直射北半球。因此11,000年後，北半球夏季接收到的太陽輻射量會比目前多，冬季時則較少。

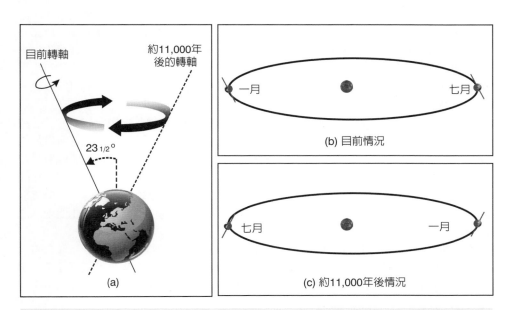

黃赤交角的變化及進動：黃赤交角為地球自轉軸與黃道面法線之間夾角，介於22°～24.5°之間（目前為23.5°），變動週期為40,000年（圖 / Ahrens, 1991）。

4-6 太陽黑子數與地表氣候間有無關係？小冰河期會再臨嗎？

太陽是太陽系的核心，一直提供給地球萬物的光和溫暖，但能量是不固定的。太陽表面溫度較低的地方，約2700～4200℃會出現**太陽黑子或稱日斑**（Sunspot），黑子與周遭平均5500℃左右的太陽表面呈現對比，使黑子看起來就像太陽的斑點。黑子被科學家視爲觀測太陽活躍程度的標準之一，因爲黑子大量出現時，太陽表面上光度較亮的**白斑**（Faculae）也會增多，兩者相互抵銷的結果是太陽總發光亮度略微增加。

氣候學家不斷在尋找具週期性或準週期性的氣候變化，如果氣候變化具有週期性，人類就可輕易預報未來的氣候，科學家很自然的就聯想到太陽黑子。它們是太陽光球上的短時現象，在可見光下呈現比周圍區域黑暗的斑點。由高密度的磁性活動抑制對流的激烈活動造成表面溫度降低的區域。當它們橫越太陽表面時，會膨脹和收縮，直徑可以達到80,000公里，因此在地球上用肉眼也可直接看見。

現今公認最早太陽黑子科學記錄，爲中國西漢河平元年，即西元前28年。而肉眼觀察太陽黑子數變化，發現自13世紀開始逐漸下降，其中有3個低值期，亦即沃爾夫極小期（Wolf minimum, 1282～1342）、史波勒極小期（Sporer minimum, 1450～1534）以及蒙德極小期（Maunder minimum, 1645～1715），此3低值期恰好發生於小冰河期，而且太陽黑子數少代表太陽比較不活躍，釋放出的能量減少。有些科學家因此認爲地球氣候的冷暖與太陽黑子活躍與否有關。過去300年太陽黑子數目的變化，具有明顯的週期性，如11年、22年、80～100年。

然而從學理上，科學家仍無法理解太陽黑子如何影響氣候，因爲太陽黑子活躍時，太陽輻射所增強的部分都屬於極短波段，如紫外線、X及α射線，因此所增加的能量不多，當這些輻射進入大氣時，立即被高層大氣吸收，實際能達地面的輻射量並不大，太陽輻射如果減少1%，地表平均溫度約減少1～2℃。最近的衛星觀測資料顯示在過去幾十年中，從太陽黑子數最少的1985年到最多的1980及1990年，太陽輻射約增加1.5 W/m^2，相當於總輻射量的0.1%。依此估計，上述的微量輻射變化對地球溫度變化的影響應該<0.1℃。

從20世紀中葉起全球氣溫隨著人類經濟的增長逐漸有全球暖化的趨勢，聯合國也開始大範圍地評估人類活動給氣候變化帶來的影響，但是氣候的變化可能不僅是人類的原因，還有很大一部原因來自於太陽活動的影響。氣候學者則認爲，地球暖化才是導致氣候異常，洪水氾濫的主因。

2020年5月20日美國航太總署指出，2019～2020年太陽正處於300年來黑子數量最少的太陽活動極小期。2020年的自然災害嚴重密集，且新冠病毒全球大流行。因1650～1715年的極小期曾使地球進入小冰河期，**NASA科學家則表示，由於人類排放太多溫室氣體帶動全球暖化，所以小冰河期不會再度到來。**

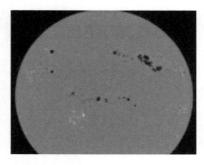

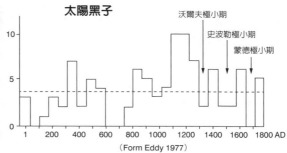

太陽表面的一個小小區域，但其實一個黑子的大小接近一個地球面積。觀察黑子數在19世紀之前隨時間的變化，發現自13世紀開始，太陽黑子數逐漸下降，其中有3個低值期，即沃爾夫、史波勒以及蒙德極小期。此3個低值期恰好發生於小冰河期，且太陽黑子數少代表太陽比較不活躍，釋放能量減少。有些科學家因此認為地球氣候的冷暖與太陽黑子活躍與否有關。

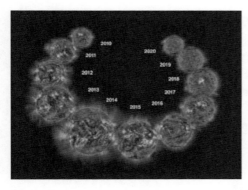

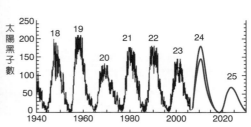

左：2020年太陽黑子進入安靜期，影響太陽系的能量變化，2020年5月20日美國航太總署指出太陽正處於300年來黑子數量極小期，落在2019～2020年。因1650～1715年的極小期曾使地球進入小冰河期，NASA科學家表示，但由於人類排放太多溫室氣體帶動全球暖化，所以小冰河期不會再度到來。右：第24次太陽黑子活動週期。

4-7 世界屋脊青藏高原升溫幅度為全球平均的兩倍

　　兩億年前地球表面只有一個超級大陸，由於當時海底擴張，各陸塊開始漂移分離，最後形成目前的分布狀況。如印度原與非洲相連，分離之後持續往北移動，約4,000萬年前開始與亞洲接觸，至今已經向北推移大約2,000公里。據估計目前仍持續以每年約5公分的速率向北移，而喜瑪拉雅山則持續升高。

　　海陸分布及地形高低對氣候有很大的影響，如季風主要因海陸分布產生的加熱不均勻所形成。利用大氣環流模式模擬季風時，可以發現青藏高原，因可加強上升氣流與降水，因此使季風加強，使區域間的氣候差異變大，青藏高原西側及北側變得較乾燥，而高緯地區則變得較冷。

　　地球板塊漂移（plate movement）不斷地改變海陸分布狀態，目前大部分陸地集中在北半球，尤其在30°N～60°N之間。因此北半球中緯度冬季氣溫比南半球偏冷，且年溫差大許多。目前海陸分布如重新調整，例如將陸地集中到赤道地區時，則北半球中緯地區的年溫差勢必降低，且溫度將升高。

　　海陸分布也影響海洋環流，間接影響氣候。例如原來相連的南美洲與南極洲大約在3,000萬年前分開，兩者之間於是形成繞南極的洋流，原本來自熱帶的洋流被截斷，無法繼續將由熱帶地區帶來的熱能傳送至南極大陸附近海域。由於缺乏海洋調節氣候，南極大陸氣溫因此下降，致冰河逐漸形成。而有些科學家認為，繞南極洋流的出現尚不足以讓北半球進入冷期，而是亞洲南部青藏高原隆起，才使得北半球在約500萬年前，開始有大量的冰河出現。

　　青藏高原因其獨特的自然地域格局和豐富多樣的生態系統，被中國視為國家生態安全屏障。首先，青藏高原豐富的水量對中國未來水資源安全和能源安全，擔負重要的保障作用；而且它由東往西橫跨共9個自然地帶，是全球生物多樣性最為豐富的地區之一，因此成為全球生物多樣性重點保護地區之一；再者，青藏高原主要生態系統在碳循環中均表現為碳固定大於碳釋放，成為重要的碳匯，影響著區域氣候變化，近60年來，青藏高原溫度上升近2.3℃，是全球平均升溫幅度的兩倍。

　　青藏高原平均海拔超過4,000公尺，最高達8,800公尺，形成全球獨一無二的 世界屋脊地球第三極，亞洲水塔的青藏高原也隨著全球暖化，愈來愈增溫、濕潤，隨著氣候變暖加劇，過去50年，青藏高原的冰川加速退縮，儲量減少15%，面積由5.3萬平方公里縮減為4.5萬平方公里。其中，喜馬拉雅山、橫斷山、念青唐古拉山和祁連山冰川面積縮小20～30%。冰川退縮將引起冰川末端冰湖的急劇增多和水位上升，使冰湖決堤潰壩的風險增加。由於其獨特的地理環境，成為全球氣候變化的預警或敏感區。

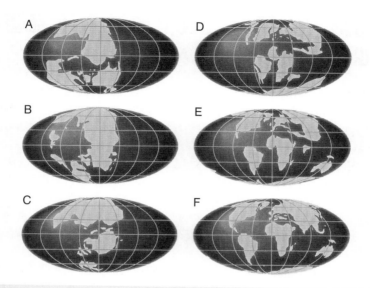

過去3億年海陸分佈演變：(A)3.2億年前；(B)2.5億年前；(C)1.35億年前；(D)1億年前；(E)4,500萬年前；(F)目前（圖／Graedal and Crutzen, 1995）。

過去50年，青藏高原的冰川加速退縮，儲量減少15%，面積由5.3萬平方公里縮減為4.5萬平方公里。其中，喜馬拉雅山、橫斷山、念青唐古拉山和祁連山冰川面積縮小20～30%。冰川退縮將引起冰川末端冰湖的急劇增多和水位上升，使冰湖決堤潰壩的風險增加。由於其獨特的地理環境，成為全球氣候變化的預警或敏感區。右：青藏高原的升溫速度是全球2倍，雪線上升退縮，冰川面積也大幅萎縮（圖／路透社）。

4-8 超級火山噴發二氧化硫進入平流層可使地球氣溫下降

　　火山爆發噴出的二氧化硫如果進入平流層，將逐漸形成含硫的懸浮微粒，經數月後，**懸浮微粒雲**（aerosol cloud）的影響達到最高點。懸浮微粒反射太陽輻射，但也同時吸收地球的長波輻射。由於它吸收紅外線的效率較高，因此含懸浮微粒的平流層（約20～25 km）溫度會升高。

　　懸浮微粒影響對流層的氣候較為複雜，小顆粒（半徑＜1 μm ）反射太陽輻射的能力較強，因此產生冷卻作用；大顆粒（半徑＞2 μm），則吸收地球長波輻射的能力較強，因此具有增溫作用。但是大顆粒受地心引力影響，幾個月之後，幾乎全部掉落至地表。因此火山爆發數月後，只剩下較小的懸浮微粒留在平流層。這些懸浮微粒可能停留在平流層達數年之久，不斷的將太陽輻射反射回太空，淨效應為冷卻作用，使地表溫度下降。

　　超級火山（supervolcano）指能夠引發極大規模爆發的火山，瞬間改變地形並改變全球天氣，甚至威脅人類造成全球性的生命災難。根據歷史記載，火山爆發之後，某些地區的氣候會發生明顯變化，如1815年印尼坦博拉（Tambora）火山爆發，噴發柱高達43公里，達到平流層。爆發後2年內，太陽、月亮甚至星星的光度都明顯降低，並造成全球氣候異常。遠在美國及歐洲氣候也深受影響，美國紐約州竟下了一場六月雪，隔年被稱為「沒有夏天」的一年。

　　同時期，亞洲地區也出現異常氣候，如我國新竹及苗栗在1815年12月曾結霜達1吋厚，彰化在1816年12月有結冰現象。1816及1817年中國農業收成亦因惡劣氣候而顯著減少。科學家雖難以確定這些現象，是否與1815年火山爆發有直接關係，但無庸置疑的是，該火山爆發之後，世界上許多地區確實發生異常的氣候。但1810～1820年整整10年間，氣溫皆出現偏低的現象，顯然並非純火山爆發所影響。因為溫度下降在先，火山爆發在後。同樣的，印尼巴里島阿貢（Gunung Agung）火山於1963年爆發，全球平均氣溫在之後的2年明顯下降；但是，早在50年代末，較長期的全球降溫趨勢就已經開始。

　　1991年6月菲律賓的皮納吐波（Pinatubo）火山爆發，**爆發指數**（Volcanic Explosivity Index）6級造成全球溫度下降長達2年之久。原已節節上升的溫度，在1991年之後止升回跌，直到1994年才恢復上升的趨勢。估計1991年皮納吐波火山爆發，造成4 W/m²的輻射冷卻，使北半球溫度下降0.5℃，造成的影響遠比工業革命以來造成的溫室效應（2.5 W/m²）還要劇烈，等於1,000個廣島原子彈。

　　2022年1月南太平洋島國東加的洪加湯加（Hunga Tonga）海底火山在14及15日兩度噴發，火山爆發指數達到5級，為自1991年菲律賓皮納土波火山爆發（6級）後，全球30年來威力最大火山爆發，爆炸性後蕈狀雲達260公里，東加火山上一次是在西元1100年爆發，也就是這次海底火山是時隔千年的大爆發。

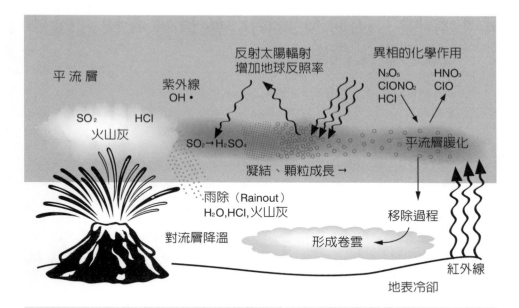

火山噴出物到達平流層上時，因反射太陽輻射能，因此會增加地球反照率，可能造成平流層暖化、對流層降溫及地表冷卻等作用而影響大氣系統。

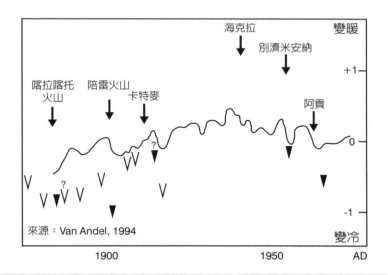

近百年來較大的火山爆發與北半球平均溫度的關係：火山爆發可能影響氣候，但並非每次火山爆發都會如此。火山爆發對氣候影響的程度，決定於停留在平流層的懸浮微粒含量。因停留在平流層中的懸浮微粒受重力牽引，會逐漸沈降到對流層後消失，它停留在大氣層的時間至多2～3年，因此，單一火山爆發對氣候的影響只是短暫幾年。

4-9 中國、印度及東南亞國家經濟快速發展加速暖化趨勢

　　大氣成分通常指組成大氣的各種氣體和微粒，包括地球大氣層的各種氣體、氣溶膠、雲和降水等。大氣成分尤其氣體成分，如溫室氣體，在地球大氣系統的輻射收支、能量轉換及水循環等過程中，扮演著非常重要角色，更與全球氣候變化直接相關。

　　地球史上大氣成分的演化，於最初地球形成時，原始大氣成分為氫和氦，因為地表岩漿的加熱與太陽風的壓力而散失。至大約44億年前，地表開始冷卻，火山活動開始將地球內部的氣體向外噴發，形成水氣、二氧化碳、氨氣及少量氮氣所組成的大氣，濃密的大氣約有今天的100倍，由於水氣凝結，大氣變成以二氧化碳及氮氣為主。其後，二氧化碳因除碳作用而減少，並於33億年前由生物作用產生氧氣；氧化作用、生物作用及太陽的光解作用則持續將氨分解為氮，於是漸漸形成今日以氮和氧為主的大氣組成，且因有自然溫室氣體如二氧化碳及水氣等的存在，使地球成為適於生物生存的環境。

　　澳洲科學家觀察長達500年的樹木年輪、珊瑚和冰核等自然界中的歷史溫度資料，發現人為溫室氣體增加導致的暖化現象，最早於1830年出現在熱帶海洋和北極，也就是說暖化現象早在180年前就已開始。但自工業革命始，人造溫室氣體（如CO_2、CH_4、CFCs、HCFCS及N_2O等）快速增加，顯著影響全球暖化與氣候變遷。CO_2主要來自於化石燃料燃燒過程中經氧化而成，其中火力發電、煉鋼、水泥及石化等工業產出的CO_2約占人類活動產生總量之54%；此外，森林大量被砍伐亦會減少二氧化碳的固定量，導致碳濃度增加。CH_4是有機物在厭氧條件下腐爛時所產生，或經化石燃料燃燒或天然氣直接釋出。N_2O主要來源包括化肥、森林砍伐、土地利用改變及農業活動刺激土壤排放等。CFCs包含清潔溶劑、泡沫噴劑、防燃劑及冷媒等，經蒙特婁公約禁止後已減緩增加的速度。

　　人造溫室氣體一旦進入大氣，可停留約10年（CH_4）、幾十年甚至一、二百年（CO_2）。早期歐美溫室氣體排放嚴重，近年轉移至中國、印度與東亞地區，2019年中國超越美國成為世界上CO_2排放最多的國家，占全球總排放的1/4，印度排名第四，但美國人均排碳量仍居榜首。

　　近年我國主要都會區的空氣品質受到明顯衝擊，其中又以大氣氣膠及臭氧的汙染情況最為嚴重。由於我國所在地理位置的關係，在東北季風期間，受長程輸送的亞洲沙塵及空氣汙染物的影響格外顯著；而春季期間，也是東南亞生質燃燒盛行的季節，其瞬間所排放出大量的氣態汙染物及懸浮微粒，對於區域環境及區域氣候也有著深遠的影響，特別是我國位於東南亞主要生質燃燒區的下風處，因此所受影響不容忽視。

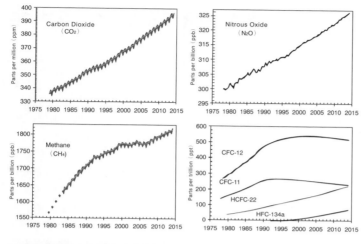

工業革命後，人造溫室氣體（如CO_2、CH_4、CFCS、HCFCS及N_2O等）快速增加，顯著影響全球暖化與氣候變遷的可能性。下表為各種溫室氣體的增溫效應比較。

各種溫室氣體的增溫效應比較

氣體別	增溫效應（以二氧化碳作為基準）
二氧化碳（CO_2）	1
甲烷（CH_4）	23
氮氧化合物（N_2O）	310
氟氯碳化物（CFCs）	140～11,700
全氟碳化物（PFCs）	6,500～9,200
六氟化硫（SF_6）	23,900

二氧化碳排放最多的國家
每年CO_2排放總量和人均排放量

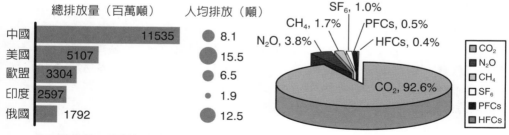

2019年數據，歐盟包括英國
1 mt = 1百萬噸

來源：EC，全球大氣研究排放數據庫（Emissions Dotatase for Globol Atmospheric Research）

左：2019年中國是世界上二氧化碳排放最多的國家，占全球總排放的四分之一。美國人均排碳量最高；右：我國2009年能源工業之CO_2排放占燃料燃燒總排放的10.4%，工業占46.1%，運輸占14.3%，服務業占14.2%，住宅占13.9%，農業占1.1%。

4-10 砍除熱帶雨林地表溫度將上升3℃，非洲居民正遭遇飢荒衝擊

　　地表狀態變化會影響地表吸收的太陽輻射量、大氣與陸地之間交換潛熱及可感熱之通量。如沙漠及冰雪覆蓋區比綠地反射較多的太陽輻射，因此吸收較少的太陽輻射。又如乾燥地表由於含水量少，吸收的太陽輻射大多直接用來提高地表溫度，相對的也提供較少潛熱通量到大氣中，顯示地表狀態變化會改變能量收支狀況及區域的水循環。

　　地表狀態與氣候的相互關係表現最明顯的是在沙漠邊緣地區，如撒哈拉沙漠南緣的薩赫勒（Sahel）。這些地區的水循環系統非常脆弱，很容易受到氣候變化及人為影響的干擾，使得乾旱更加嚴重，形成**沙漠化**（desertification）。如某種氣候變化使得半乾旱地區雨量減少，或者因過度放牧，植被覆蓋面積因而縮小。在此種情況下，至少有2種狀況可能會發生：1.地表反照率變大，吸收太陽輻射量減少，地表溫度因此下降，對流不易形成，降水因而減少，植被覆蓋面積更加縮小。2.植被覆蓋面積縮小，逕流量增加，而土壤含水量則減少，地表吸收的太陽輻射多用來直接加熱地表，地表溫度因此上升，可能更不適合植物生長。因植被減少，葉蒸因此也減少，地表提供大氣的水汽量降低，降水量因此下降。

　　科學家在亞馬遜河流域進行大規模實驗，發現熱帶雨林樹根平均深達4 m，鄰近牧草地植物的根部深度只有1.5～2 m，且前者樹葉面積比後者大許多。如果砍伐熱帶雨林變成經濟產值較高的牧場，不只破壞森林涵養水分的功能，且減少蒸發量達約1/3。兩者都將破壞當地的水循環系統，進一步改變地表溫度及大氣環流。據估計如果砍除南美熱帶雨林，地表溫度將上升3℃，而且降水減少1 mm/day，相當於每年減少365 mm，為全球平均降水量的1/3強，砍伐熱帶雨林，也會減少森林的二氧化碳吸收量，加速大氣中二氧化碳累積與全球暖化程度。

　　薩赫勒地區為撒哈拉沙漠南邊之帶狀熱帶大草原區，是目前世界上遭受氣候變動影響最大地區之一。該區之年降水量變動非常劇烈，且自1970年代開始面臨乾燥化問題，部分地區已逐漸形成沙漠，耕種困難對農作物的收成極為不利。肯亞自2020年起已有2季收成不足，情況愈來愈糟，所有地表水源已乾涸。過去大約5～10年才會遇到一次大乾旱，如今乾旱的週期愈來愈頻繁，且持續時間更久。據聯合國統計，單單肯亞北部，就有240萬人餓著肚子睡覺，其中5歲以下營養不良的兒童多達465,000人，孕婦或是哺乳中的母親營養不良的也多達93,000人。據美國氣候單位觀察，30年來肯亞平均氣溫上升0.34℃，造成今日那麼多的氣候難民，氣候變遷對人類的衝擊不容小覷。

　　2022年2月世界糧食計畫署宣稱1,300萬非洲居民正遭遇乾旱飢荒衝擊，嚴重程度是40年來之最。呼籲各國立刻援助，否則索馬利亞、衣索比亞和肯亞3國境內，難保重演10年前餓死25萬人的飢荒悲劇。

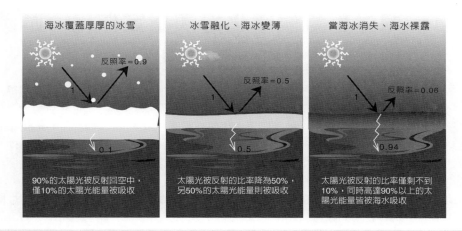

如果大量的人為溫室氣體被排入大氣中，而產生過多的溫室效應，使地球的冰雪圈開始融化、萎縮，冰雪圈維持地球氣候的平衡狀態就會產生改變。

左：肯亞北部自2021年9月發生嚴重乾旱，降雨量不到過去平均的30%，兩個雨季，都沒有下足夠的雨，人民須走上40公里才找得到水源，大量牲畜缺糧、缺水而死，肯亞人處於飢餓邊緣。
右：南蘇丹則碰上60年最嚴重洪患，雨季狂降豪雨，連續幾個月洪水都沒退，多達85萬人流離失所（圖／TVBS）。

4-11 海洋對氣候變化扮演穩定作用，唯暖化使溫鹽環流趨緩危機

　　海洋是大氣中水氣的主要來源，也是水循環的主要驅動者，更是大氣所需能量的主要來源之一。海洋不只是調節氣候，降低高緯度地區的季節變化幅度，更與大氣交互作用，影響短期氣候變化，如**聖嬰現象或南方震盪**（El Niño-Southern Oscillation, ENSO），甚至影響長期氣候變化，如影響**溫鹽環流**（thermohaline circulation, THC）的變化。溫鹽環流又稱深海洋流、輸送洋流及深海環流等，是一個依靠海水的溫度和鹽度驅動的全球洋流循環系統。

　　地球上的熱平衡過程可以視爲一個低效率的引擎，低緯度地區是熱源，高緯度地區則爲冷源，海洋扮演如鍋爐、太陽則爲燃料、水如同熱媒，工作結果呈現風與海流等現象。大氣中最重要的南北熱交換過程是透過季風、溫帶氣旋與熱帶風暴等來完成；而海洋則經由大規模之海洋環流系統來達成。

　　海洋對氣候變化扮演著穩定作用的角色，主要因海洋有**熱慣性**（thermal inertia），這是因爲：1.水的比熱大、2.光線可穿入很深、3.水的混合很快以及4.水具有相變化，潛熱很大。水的比熱約爲土壤的5倍，因此加入或移出同樣的熱量，土壤就比水反應快5倍，故地表容易產生溫差大。而土壤透光性又差，日照熱能乃集中於地表，但水中則可穿透相當厚的水層，故地表增溫快。表層降溫時，水會產生對流，故溫差不大。

　　由於表層海水與大氣間的相互作用，在熱帶地區受強烈日照促成增暖以及蒸發，因此表層海水溫度及鹽度均較高；中緯度地區之表面海水特性，固然隨季節變化甚大，但仍比深層海水暖而且輕；高緯度地區海水本就很冷，冬季表層水溫更低，海水密度增大因此沈降，經與當地深層海水混合後，成爲深層海水之來源。

　　在全球暖化下，大量海冰融化，流入大海，稀釋了原本高密度的北極海流，密度差異變小了，流動的速度就跟著變慢，所以全球暖化會導致溫鹽環流變慢。目前大西洋翻轉環流即溫鹽環流，正處於1,000年以來最弱的時候。2021年自然地球科學期刊研究指出，從1950年以來，**大西洋經向翻轉環流**（Atlantic meridional overturning circulation, AMOC），流動的速度確實正在減緩中，將影響世界氣候。

　　每年一月，流經臺灣周圍海域的洋流，有中國沿岸南下的寒流，以及北上的**黑潮暖流**（Kuroshio Current）。黑潮是太平洋洋流的一環，也是全球第二大洋流，從菲律賓開始，穿過臺灣東部海域，黑潮年平均水溫約24～26℃，冬季約爲18～24℃，夏季甚至可達22～30℃。由於黑潮的水色明顯較周邊的海水深，所以稱「黑」潮。以同緯度的廈門及蘇澳兩地做比較，有黑潮流經的蘇澳，一月的月均溫高達16.1℃；而有中國沿岸寒流流經的廈門，一月的月均溫卻僅有12.5℃，顯見海洋影響各地氣候。

全球洋流系統

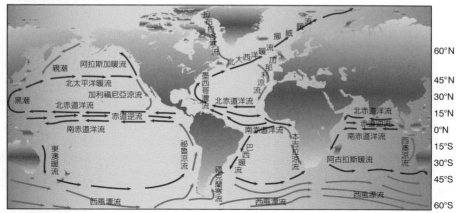

由於表層海水與大氣交互作用，低緯地區因強烈日照增暖與蒸發，造成表層海水溫度及鹽度均較高，成為暖流之來源；高緯地區海水密度大因此沉降，經與當地深層海水混合後，成為深層海水及寒流之來源。「赤道－極地」方向的海水溫度、鹽度差異最大，因此溫鹽環流主要呈南北向洋流。北大西洋表面密度較高的冷水自高緯度區下沉，在深海處緩慢向南流，可調節高低緯度間所受太陽輻射量的差異，對氣候影響深遠。

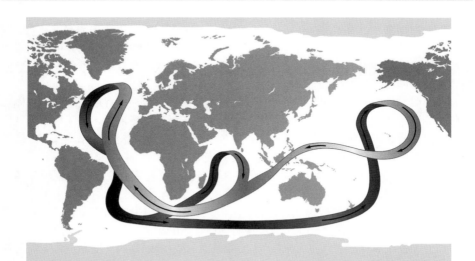

大西洋經向翻轉環流基本上有兩種模式，它們在全球範圍內轉移熱量。向北移動的表層洋流將熱量從熱帶和南半球往北送，熱量被轉移到較冷的大氣中，水變得更稠密，下沉後以更低流速向南返回。目前速度變慢的部分原因與氣候變暖和冰層融化有關，與1950年相比洋流的循環速度至少已減緩15%，洋流減慢正在對地球氣候產生影響。德國柏林自由大學氣候科學家博爾斯領導的研究，透過地球的古氣候記錄與電腦模擬運算得知，大西洋經向翻轉環流有著「強模式」與「弱模式」，兩者之間是可能突然轉換的，而目前此環流正處於1,000年來最弱的狀態，瀕臨崩潰邊緣。模式顯示一旦完全停擺，北美洲、歐洲將陷入極寒；導致這種狀況的因素中，全球暖化使淡水流入海洋的影響最大。

4-12 聖嬰年時我國冬暖、春雨多、夏颱少

南美洲的秘魯和厄瓜多爾緊臨東太平洋，這一帶的漁民，很早就發現每年12月左右，風變弱了，平常溫度偏低的海水溫度逐漸升高，水中的浮游生物跟著減少，沒浮游生物可吃，魚也減少了，漁民趁著空檔保養漁船、漁具，等到這個由北而來的暖洋流離開了，再繼續出海捕魚。由於這個暖洋流都在聖誕節前後報到，漁民們為它取名為「El Niño」，它在西班牙文中有「幼年基督」和「男孩」的雙重意思，因此我們把它譯成「聖嬰」現象。

聖嬰對當地漁民來說，原本是每年都會發生的正常現象，大約持續兩、三個月；不過漁民也發現，每隔幾年，暖洋流持續的時間特別長，溫度很高，範圍也特別大。這種海洋持續性的異常增溫，給秘魯帶來豐沛甚至過多的雨水。原本沿海沙漠，在幾個星期之中，長滿綠油油的植物，變成美麗的花園。

科學家原以為聖嬰只是影響南美洲太平洋沿岸區域的現象，直到1957～1958年的聖嬰出現後，才改變看法。海洋學家觀測這次的聖嬰現象，發現海水增溫的情形，從東太平洋到西太平洋綿延數千公里。科學家借秘魯等地漁民的說法，把這種每隔數年發生在赤道東太平洋海水異常增溫、影響全球氣候的現象，通稱為聖嬰現象。

既然赤道太平洋有時會變暖，當然也有可能會變冷，而且可能會變得特別冷，與聖嬰現象相反，對全球氣候的影響也相反。科學家為這種現象取名為「La Niña」，和聖嬰現象意思相反，西班牙文是「女孩」的意思，我國有直譯為「拉尼娜」或「女嬰」，目前統一譯為反聖嬰現象。

聖嬰南方振盪（El Niño-Southern Oscillation, ENSO）指東太平洋赤道區域海面溫度和西太平洋赤道區域的海面氣壓變動，這2種變動是相互關聯的，當東太平洋為暖洋階段，即聖嬰時伴隨著西太平洋的高海面氣壓；而當東太平洋在變冷階段，即反聖嬰時會伴隨著西太平洋的低海面氣壓。

這種氣候類型變動的極端時期，即聖嬰和反聖嬰事件，會在世界廣大地區引起極端天氣，如洪水和乾旱等，特別是太平洋沿岸的國家，所受影響最大。我國位於副熱帶地區，研究發現聖嬰年時，冬季偏暖，春季多雨，而夏季颱風侵襲機率降低。反聖嬰年時，冬季偏冷，春季少雨，而夏季颱風侵襲機率增高。

世界氣象組織指出，2020年太平洋形成中等到強的反聖嬰現象，臺灣夏天頻頻創下高溫記錄，臺北在7月24日午後創下39.7℃的高溫。臺灣整體降雨量偏少，導致缺水情況；更抑制颱風的生成導致7月西太平洋沒有半個颱風生成的空前記錄。對臺灣也是非常特殊的一年，創下56年來首度沒有颱風登陸的記錄，造成西半部陷入缺水危機。此外，極端氣候災害頻生，5月南部沿海暴雨、7月極端高溫、珊瑚白化，雖可歸因於氣候變遷，但也與聖嬰現象不無有關。

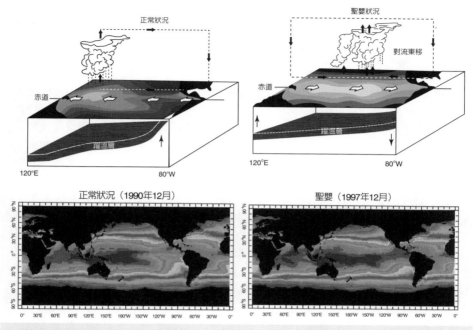

正常及聖嬰現象之太平洋大氣環流模式比較：太平洋平時赤道風將溫水向西吹、冷水沿南美洲海岸上湧；聖嬰現象時溫水向南美洲吹送，冷水不再上湧而使海洋變暖；注意此時太平洋東西氣壓亦隨之變動，即所謂南方震盪。

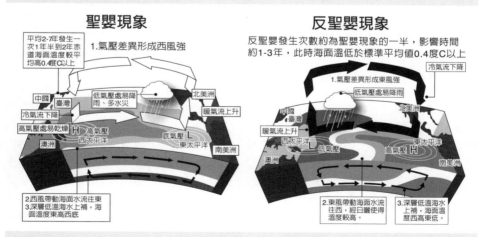

當聖嬰現象發生時，熱帶東太平洋地區發生豪雨及水災之機會增高，而熱帶西太平洋上空之空氣下沉，降雨機率降低，因此在印尼、菲律賓、澳洲北部會出現乾旱現象。聖嬰現象發生頻率大約每2～7年發生一次，而從開始到衰退階段，前後時間可達1.5～2年。2021年9月16日國際期刊《自然》發布新研究〈溫室暖化下北太平洋對聖嬰現象／南方震盪的影響增強〉，且會是未來預測極端聖嬰事件時，更具可預測性與影響力的前兆。北太平洋與熱帶太平洋的連結，奠基於風、蒸發及海溫等回饋機制，在全球暖化下，回饋機制更有效率，也就使得北太平洋與熱帶太平洋的連結更緊密。

4-13 影響地球氣候變化的人為因素：PM的吸收特性影響全球暖化

聯合國政府間氣候變遷專門委員會於2021年8月9日發布（AR6）報告，指現今大氣中溫室氣體濃度已達200萬年來最高，相較工業化前的氣溫，已升溫1.1℃。空氣中人為的**懸浮微粒**（particulate matter, PM）如何影響全球暖化？PM是非常複雜的混合物，包含無機鹽、有機化合物、黑碳、微量金屬以及不同含量的水分，PM的來源有直接由沙塵暴、火山爆發、海洋飛沫等自然因素和生質燃燒而排放到空氣中，亦有些透過無機和有機揮發物在空氣中發生化學反應而產生。

PM不但危害健康，在氣候變化中也舉足輕重，空氣中的粒子可反射或吸收太陽光，部分粒子如硫酸銨或有機化合物可將陽光散射並反射回太空，減少陽光照到地球表面的強度，有助降低空氣溫度；也有如黑碳、煤煙則可吸收陽光，暖化空氣。雲的形成也要依靠PM，因水分子要在粒子表面凝結，才可形成雲水滴。雲可有效反射陽光回太空，將雲底下的空氣降溫。與二氧化碳和甲烷等溫室氣體相反，模擬的氣候模型顯示，PM和雲可冷卻地球表面空氣溫度。

PM固然對空氣造成汙染，但也有助降溫。有科學家指出減低空氣中PM濃度，雖可改善空氣品質，但卻會加劇地球暖化，因當空氣中的粒子減少，雲量也會隨之減少。迄今大家對PM在雲形成過程和氣候變遷中的角色，仍未能全然掌握。在對未來氣候變遷的預測中，PM是其中一個最大的不確定因素。

IPCC（2001, 2007）指出，各種氣候模式對人為輻射強迫作用的估算，最大不確定性來自PM，特別是PM與雲的交互作用，人為物質中PM是最主要的反溫室效應物質，尤其硫酸根PM所造成的冷卻作用不可忽略。值得注意的是，溫室氣體的全球分布相當均勻，但PM的分布則集中在人口眾多且高度開發的陸地上，故其局部效應遠遠高於溫室氣體。

PM會影響傳輸至地面的太陽輻射、空氣品質、能見度以及氣候，因此PM對大氣環境及地球系統能量收支有很大的影響，不同種類的PM其光學及輻射特性也有相當的差異，高吸收特性的PM會加熱大氣系統，如生質燃燒所產生的煙塵；低吸收特性的PM則冷卻大氣系統，如沙塵暴所造成的揚沙。因此PM的吸收特性，是影響全球暖化及氣候變遷重要因子之一。PM從兩方面影響大氣環境和天氣與氣候，一方面將陽光反射回太空，從而冷卻大氣，並降低大氣能見度；另一方面通過微粒散射、漫射和吸收一部分太陽輻射，減少地面長波輻射的外逸，使大氣升溫。由PM的含量可以評估影響的程度，但PM含量隨時間和空間變化很大，所以目前多使用衛星所提供大範圍的資訊。

2013年國際癌病研究機構（International Agency for Research on Cancer, IARC）報告指出，暴露在室外空氣汙染將增加患肺癌風險，被列為致癌物的PM是常見空氣汙染物之一，根據氣動直徑大小，可界定為10微米以下的PM_{10}和2.5微米以下的$PM_{2.5}$，人吸入後可深入肺部，穿透氣管末梢，停留在肺泡產生癌變。

雲的輻射效應示意圖

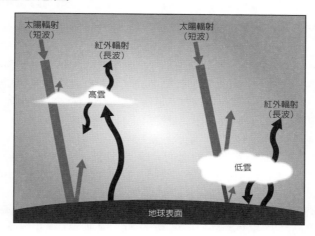

雲覆蓋地球約2/3面積，且對輻射有強烈的吸收、反射或放射作用，對氣候系統的輻射收支有重要影響。雲與輻射之間的反饋機制約可分為2類：1.地表溫度隨地面吸收太陽輻射增多而升高，促使地面蒸發加劇，導致大氣中水汽含量增加，使雲得到發展，雲量增加將減少氣候系統獲得的太陽輻射，因而具有降溫作用。2.雲能有效吸收雲下地表和大氣放射的長波輻射，發揮保溫作用，減少熱量損失，使雲下大氣層溫度增加。

自然與人為懸浮微粒的效應示意圖

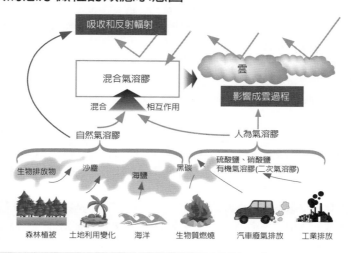

二氧化碳是影響氣候變遷最重要的驅動者，其次為黑炭。細懸浮微粒的成分中就有黑炭的存在，黑炭在雪堆上會增強對太陽光的吸收，造成極區冰雪加速融化；若懸浮在大氣中時會吸收太陽光，造成大氣增溫；許多懸浮微粒具有雲凝結核的特性，可以增加小雲滴的數量，而且進一步增加雲的反照率。影響氣候最大的懸浮微粒的直徑大約在0.1～1 μm之間。

4-14 人類不斷增加排放溫室氣體造成全球暖化危機

　　大氣中的二氧化碳有逐年增加的現象，一直到西元1938年才由英國一位氣象學家最先發現。其實，從西元1800年開始大氣中的二氧化碳濃度便開始緩慢的增加，原因是工業革命後人口增加，為解決糧食不足便大量砍伐森林來增加耕地；而二十世紀後二氧化碳急速增加，則是因為人類大量使用化石燃料的結果。

　　全球暖化問題日益嚴重，據研究顯示，畜牧業與工業排放的廢水，同時含有二氧化碳與甲烷，這2種造成溫室氣體效應的元凶。有鑑於此，2021年聯合國氣候大會（COP26）通過一項「全球甲烷承諾」決議，宣示未來10年要減少30%的甲烷排放量。

　　地球大氣系統的主要能量乃源自於太陽，主要為可見光與紫外光等短波輻射，經穿越太空與大氣層向地表傳送能量。這些輻射能量到達地球大氣頂層時，約有1/3被直接反射回太空，剩餘的2/3則被地球表面與大氣層所吸收。地球在吸收能量後，向太空散發等量輻射能量來平衡入射能量，但由於地球表面溫度低，所散發的能量則以長波輻射為主。地球散發的長波輻射一部分穿透大氣層到太空中，其餘被溫室氣體吸收並往各個方向輻射傳遞。由於此過程使地表與大氣底層能保持溫暖，我們稱之為**溫室效應**（Greenhouse effect）。

　　除了氟氯碳化物（Chlorofluorocarbons, CFCs）之外，大部分的溫室氣體是本就存在大氣當中，包括：1.水氣是最重要的溫室氣體、2.二氧化碳、3.甲烷（Methane, CH_4）、4.氧化亞氮（Nitrous Oxide, N_2O）及5.臭氧（Ozone, O_3）等。大自然本身具有的溫室效應，能調節地表的輻射冷卻作用，使地表溫度不至於急遽變化。如果沒有自然溫室氣體保護，地表平均溫度應為−18℃，在這種情況下大部分生物都無法生存。自然溫室效應使地表均溫保持在適合生物生存的15℃左右，對涵養地球上千千萬萬的生物實功不可沒。

　　在過去的200萬年之間，全球各地變暖的速率和時間點不太一樣，不過地球大概需要5,000年才能變暖5℃。如果觀察近代氣溫的記錄，可以知道16～18世紀的時候，溫度比較低，但是大概進入到19世紀後，氣溫就有很明顯的上升。即使是記錄上有明顯變化的中世紀暖期和小冰期，在各地溫度開始變化的時間點會有所不同，如果觀察19世紀到現在的地表溫度變化，在短短不到200年內就上升超過1.2℃，在地球歷史上是相當罕見的情況。

　　地球愈來愈熱，又會造成什麼樣的影響呢？影響的不只有氣溫升高而已，在南北極的冰棚和高緯度的冰川正逐漸消退，許多原本覆蓋在冰之下的永凍土隨之暴露，大陸冰川加速融化，連帶使得全球海平面以平均每年1.9 mm/year上升，可能淹沒沿海地區；除了地面上的冰，當海冰融化形成大量淡水，可能會使海洋環流的流速下降，進而減緩海洋環流傳輸熱量，引起更劇烈的氣候變化。

19～21世紀與20世紀的平均溫度（13.7°C）差值和二氧化碳排放量的關係圖

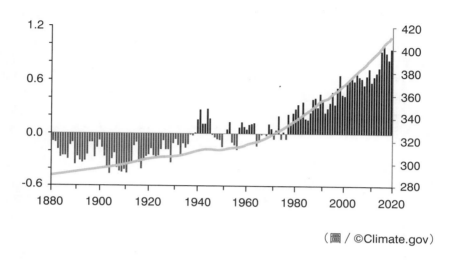

（圖 / ©Climate.gov）

2017各類溫室氣體排放占比

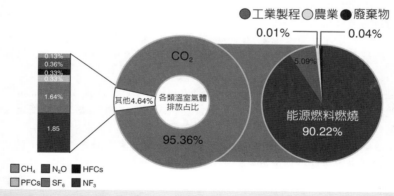

我國溫室氣體總排放量之成長趨勢，從西元1990年138.12百萬公噸二氧化碳當量，上升至2017年298.66百萬公噸二氧化碳當量，約計成長116.23%。若按照氣體別並以2017年資料為基準，二氧化碳為我國所排放溫室氣體中最大宗，約占95.36%，其次分別為甲烷1.85%、氧化亞氮1.64%、六氟化硫0.36%、全氟碳化物0.33%、三氟化氮0.13%、氫氟碳化物0.33%（資料來源 / 各部會2017.08.30提供之溫室氣體排放清冊統計數據）。

4-15 2021諾貝爾物理學獎與氣候模式：確定二氧化碳的作用

　　2021年諾貝爾物理學獎一半授予美籍日裔氣象學家眞鍋淑郎（Syukuro Manabe）、德國海洋學家、氣候建模師克勞斯哈塞爾曼（Klaus Hasselmann），另一半授予義大利理論物理學家喬治帕里西（Giorgio Parisi）。眞鍋在上世紀六十年代使用計算機建立氣候模型，模擬獲得空氣中二氧化碳增加會導致地表溫度上升。現在的氣候科學認爲人類活動導致全球暖化，眞鍋的研究被視爲是其原點。諾貝爾物理獎會頒發給氣象學家，表示溫室效應的加劇終於被全世界意識到，也表示氣象學逐漸被物理學界看到。

　　氣候模型按照在垂直方向上重現地面至上空的大氣運動的「一維模型」、計算三維大氣循環的「大氣大循環模型」、與海洋模型連接的「海洋-大氣耦合模型」這一順序不斷發展，眞鍋在所有領域都作爲先鋒參與其中，現已高齡90歲，他長年研究氣候變遷模型，人們所熟知：「大氣中二氧化碳濃度提高，會拉抬地球表面均溫」的概念，就是奠基於他的研究。

　　眞鍋等人還利用能進行長期模擬的海洋大氣耦合模型，進行重現過去氣候的實驗。後來氣候模型開始被用作預測地球未來的工具，其象徵性案例是1988年美國NASA的研究人員詹姆斯漢森（James Hansen）在美國國會作證稱：「人爲因素導致的氣候變暖正在以99%的概率發生」，引起全球關注，他依據自己構建的氣候模型預測出的氣候迅速變暖趨勢。

　　地球的氣候是複雜系統的眾多例子之一。眞鍋淑郎和哈塞爾曼因其在開發氣候模型方面的開創性工作而獲獎。帕里西因其對複雜系統理論中大量問題的理論解決方案而獲獎。由眞鍋和哈斯曼教授各自開創出的氣候模型，讓我們從中了解地球氣候和知道地球氣候如何被人類影響。

　　眞鍋淑郎證明大氣中二氧化碳濃度的增加如何導致地表溫度升高。從20世紀60年代始，他領導開發地球氣候物理模型，並且是探索輻射平衡與氣團垂直輸送之間相互作用的第一人，他的工作爲氣候模型的發展奠定了基礎。

　　眞鍋和哈斯曼都是氣候科學家，他們創造了氣候模型來模擬全球暖化，透過他們的模型，讓我們可以了解全球溫度升高，和大氣中的二氧化碳含量有關；從哈斯曼創建的模型則證實了二氧化碳，都是源自於人類活動，因此了解人類是如何影響氣候和複雜的地球系統。哈塞爾曼創建了一個將天氣和氣候聯繫起來的模型，解決氣候模型在天氣多變且混沌的情況下仍然可靠的問題。他還開發了識別自然現象和人類活動在氣候中留下印記的特定信號、印記的方法。他的方法已被用來證明大氣溫度升高是由於人類排放的二氧化碳。眞鍋淑郎是第一個地表模型開發者，而他所發展的模型，也讓大眾了解大氣中增加的二氧化碳含量，是如何讓地球表面溫度增高。

溫室效應示意圖

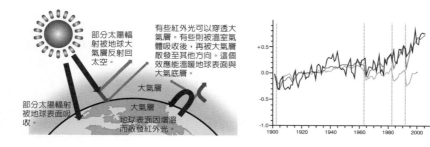

左：氣候模型概念圖。右：真鍋淑郎模擬顯示大氣中二氧化碳含量增加如何導致地表溫度升高，他的研究為當今氣候模型的發展奠定了基礎，真鍋淑郎也被稱為「溫室效應之父」。

Manabe的輻射對流平衡模式

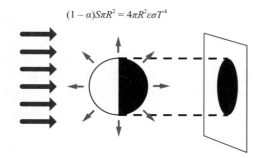

$$(1 - \alpha)S\pi R^2 = 4\pi R^2 \varepsilon \sigma T^4$$

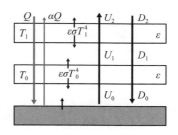

左：地球系統中的輻射可以粗略的分為兩種：來自太陽的短波輻射和來自地球的紅外長波輻射，後者根據我們所熟知的黑體輻射定律，與地球中各個成分的溫度有關。最簡單的能量平衡模型認為，將整個地球系統看做一個整體，它所吸收的太陽能量和以長波輻射形式逃逸的能量相等。
右：單柱輻射平衡模型則稍複雜一些，雖然仍不考慮不同經緯度的差異，卻將大氣垂直分層，考慮垂直方向的能量分配。每一層大氣的被加熱或冷卻的速率與它所收到的淨輻射有關，而這層大氣自身傳輸給其他層的輻射又與自身的溫度有關。確定了內部的方程之後，還需要考慮大氣層頂和地表的邊界條件，例如給定適當的能量通量。在足夠的近似時，溫度的垂直分布可以被解析求得。類似的模型、包括所用的近似同樣被天體物理學家用於計算恆星的輻射傳輸。

4-16 全球過度暖化已危及地球上生命

200年前法國物理學家約瑟夫傅里葉（Joseph Fourier）研究太陽對地面輻射和地面輻射之間的能量平衡。他發現大氣在這種平衡作用所扮演角色，在地球表面收到的太陽輻射轉化為向外輻射之**暗熱**（dark heat）被大氣吸收，從而加熱大氣稱為「溫室效應」，該名稱來源於它與溫室玻璃板的相似性，溫室玻璃允許太陽加熱的射線進入，並將熱量困在裡面，但大氣中的輻射過程要複雜得多。

在接下來的兩個世紀，許多氣候科學家不斷研發，目前氣候模型功能已經趨實用，不僅可以用於理解氣候，還可以用來理解人類應負責的全球暖化。這些模型基於物理定律，由預測天氣的模型發展而來。天氣由諸如溫度、降水、風及等氣象元素控制，並受海洋與陸地的交互作用影響。

實際上，溫室氣體只占地球乾大氣中的一小部分：大氣的主要成分是氮和氧氣，占總體積的99%，而二氧化碳僅占0.04%。最強的溫室氣體是水蒸氣，但我們無法控制大氣中水蒸氣的濃度，而我們可以控制二氧化碳的濃度。大氣中水蒸氣含量主要依賴於溫度，而二氧化碳愈多，溫度就愈高，從而使更多的水蒸氣滯留在空氣中，這會加劇溫室效應使溫度更進一步升高。若二氧化碳減少，部分水蒸氣會凝結，溫度就會下降。

關於二氧化碳對氣候的影響，第一個重要研究發現來自瑞典研究員斯萬特·阿倫尼烏斯（Svante Arrhenius），他於1903年獲諾貝爾化學獎。在1901年時他的同事氣象學家尼爾斯埃科赫姆（Nils Ekholm）第一次使用溫室效應這個詞來描述大氣吸熱與逆輻射過程。尼烏斯在19世紀末發表溫室效應的物理學，即向外輻射與輻射體的絕對溫度（T）的四次方（T^4）成正比。輻射源溫度愈高，輻射的波長愈短。太陽表面6,000°C，主要輻射可見光，而地球表面僅15°C，會發出我們看不見的紅外輻射。如果大氣不吸收地球輻射，地表溫度就不會高於−18°C。

但工業革命後全球不斷暖化的結果已影響許多層面，包括：地表溫度的上升會使有些地區因降雨量大增而發生洪水，有些地區則雨量減少而發生乾旱的極端情況。科學家普遍認為全球暖化的發展已導致極端氣候頻繁發生，乾旱和洪水都會影響農作物的產量，造成糧食與水源的供應嚴重不平衡，進而引發社會及經濟問題。在生態方面，地球上某些物種可能因為氣候劇烈變化所造成的生存環境變異，進而面臨滅絕的危機，對地球生物已造成嚴重危機。

聯合國秘書長古特雷斯肯定真鍋等人獲得諾貝爾獎的貢獻，稱氣候模型是制定減排措施的重要參考。不過真鍋表示：「氣候模型可以告訴我們未來的情況，但無法計算應對措施。還出現希望與經濟預測結合在一起的研究，但這比氣候模型要困難1,000倍。因為與農業、能源問題、工業及交通等諸多領域密切相關，而政治判斷則更加困難。」

溫室效應示意圖

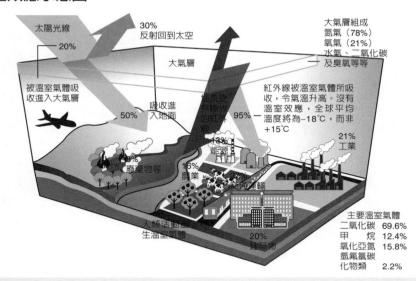

地球表面收到的太陽輻射轉化為向外輻射之暗熱被大氣吸收,從而加熱大氣稱為「溫室效應」,該名稱來源於它與溫室玻璃板的相似性,溫室玻璃允許太陽加熱的射線進入,並將熱量困在裏面,但大氣中的輻射過程要複雜得多(圖/法新社)。

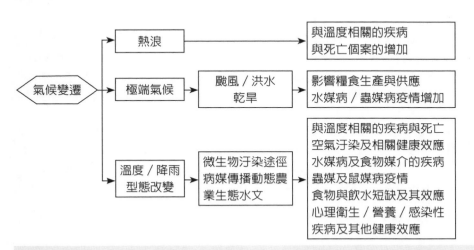

全球暖化可能導致之全球氣候變遷型態:地表溫度上升使有些地區因降雨量大增而發生洪水,有些地區則雨量減少而發生乾旱的極端情況。全球暖化已導致極端氣候頻繁發生,乾旱和洪水都會影響農作物的產量,造成糧食與水源的供應嚴重不平衡,進而引發社會及經濟問題。在生態方面,地球上某些物種可能因為氣候劇烈變化所造成的生存環境變異,進而面臨滅絕危機。全球暖化已導致氣候變遷甚至氣候危機,其帶來的影響不僅是溫度變化,更衝擊您我生活各層面的威脅。

4-17 人造溫室氣體主要來源

　　溫室氣體（Greenhouse Gas, GHG）或稱溫室效應氣體是指大氣中促成溫室效應的氣體成分。自然溫室氣體包括水氣（H_2O），水氣所產生的溫室效應大約占整體溫室效應的60～70%，其次是二氧化碳（CO_2）大約占26%，其他還有臭氧（O_3）、甲烷（CH_4）、氧化亞氮（又稱笑氣，N_2O）、以及人造溫室氣體氯氟碳化物（CFCs）、全氟碳化物（PFCs）、氫氟碳化物（HFCs），含氯氟烴（HCFCs）及六氟化硫（SF_6）等。溫室氣體反射的熱量會對地球表面和海洋產生可量測的變暖。這些溫室氣體所引起的全球氣候變化，對地球的冰、海洋、生態系統和生物多樣性具有廣泛的影響。主要GHG包括：

　　1. 二氧化碳是最重要的溫室氣體，主要由化石燃料發電（例如燃煤發電廠）和動力車輛所產生的；水泥生產過程也產生大量的二氧化碳。為了種植清除土地，會觸發儲存在土壤中的大量二氧化碳釋放。

　　2. 甲烷是一種非常有效的溫室氣體，但在大氣中的壽命比二氧化碳短。有些甲烷來源是自然的：如甲烷以顯著的速度逃離濕地和海洋。其他大部分來源是人為的，開採石油和天然氣、處理和分配都會釋放甲烷。提高牲畜和水稻種植是甲烷的主要來源；垃圾掩埋場和廢水處理廠的有機物也會釋放甲烷。

　　3. 笑氣即一氧化二氮在大氣中有部分自然存在，是氮氣採取的眾多來源之一。然而，大量釋放的一氧化二氮對全球變暖影響很大。它主要來自於農業活動中因使用合成肥料產生，一氧化二氮在製造合成肥料過程中會釋放出來。汽車使用汽油或柴油等化石燃料時也會釋放一氧化二氮。

　　4. 鹵烴（鹵代烴）是一種具有多種用途的分子家族，當釋放到大氣中時具有溫室氣體特性。鹵代烴包括CFCs，它曾被廣泛用作空調和冰箱的製冷劑，它們的製造在大多數國家已被禁止，但它們仍繼續存在於大氣中並破壞臭氧層。替代分子包括作為溫室氣體的HCFCs，也正在逐步被淘汰。氫氟碳化合物正在取代較有害的早期鹵化碳，因它們對全球氣候變化的貢獻要小得多。

　　5. 臭氧是一種天然氣，多集中於大氣平流層高層，可以保護我們免受破壞性太陽光的照射。製冷劑和其他化學物質破壞臭氧層問題與全球變暖問題並不相同的。在大氣的下層，臭氧隨著其他化學物質的分解而產生（例如氮氧化物）。這種臭氧被認為是一種溫室氣體，但它是短暫的，雖然它可能對暖化作出顯著貢獻，但其影響通常是局部的，而不是全球性的。

　　6. 水汽在低層大氣環境中，對調節氣候方面能發揮重要作用，但在大氣高層中，水汽含量似乎變化不大，隨著時間的推移並沒有明顯的變化趨勢。

溫室氣體的產生與占比

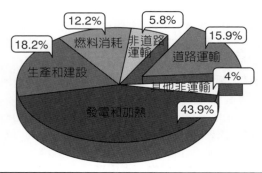

人為的二氧化碳排放

溫室氣體名稱	形成機制
二氧化碳	1.人類燃燒礦石燃料；2.毀林；3.生物呼吸作用
甲烷	1.生物體的燃燒；2.腸道發酵作用；3.水稻
臭氧	光線令O_3產生光化作用
氮氧化物	工業生產
二氧化硫	1.火山活動；2.煤及生物體的燃燒
一氧化二氮	1.生物體的燃燒；2.燃料；3.化肥

溫室氣體在大氣中相對二氧化碳影響的時間

氣體名稱	化學式	壽命（年）	特定的時間跨度的全球變暖潛能值（GWP）		
			20年	100年	500年
二氧化碳	CO_2		1	1	1
甲烷	CH_4	12	72	25	7.6
一氧化二氮	N_2O	114	289	298	153
二氯二氟甲烷	CCl_2F_2	100	11,000	10,900	5,200
二氟一氯甲烷	$CHClF_2$	12	5,160	1,810	549
四氟化碳	CF_4	50,000	5,210	7,390	11,200
六氟乙烷	C_2F_6	10,000	8,630	12,200	18,200
六氟化硫	SF_6	3,200	16,300	22,800	32,600
三氟化氮	NF_3	740	12,300	17,200	20,700

4-18　全球前五大最高碳排放國家

　　根據Global Atlas Carbon 2017年的統計，全球前五大最高碳排放國家為中國、美國、印度、俄羅斯聯邦和日本。中國為全球最高碳排放國家，占全球總排放量的27.2%。第二是美國，占14.3%，而第三是印度，占6.8%。這三個國家的總和，更是占全球大約一半的碳排放量。中國和美國是世界上最大的兩個溫室氣體排放國，因此在解決氣候危機的嘗試都需要這兩個強國的大幅減排，美國和中國也成 COP26 峰會焦點。2006年中國開始超越美國成為世界上最大的碳排放國。中國在2019年排放了141億公噸，也就是疫情爆發前的最後一年，中國的溫室氣體排放量是美國的近2.5倍，超過世界上所有發達國家的總和，也超過世界總排放量的四分之一。但累積有記錄的碳排放量歷史來看，目前美國仍舊是史上最大的排碳國。

　　相較之下美國2019年只排放了57億噸，占總排放量的11%，其次是印度（6.6%）和歐盟（6.4%）。美國依舊是史上最大的排碳國。自1850年以來，美國累計排放的二氧化碳幾乎是中國的2倍。即使是數百年前排放的也會導致今天的全球暖化。隨著國家的快速發展，中國的二氧化碳排放量在2000年代開始加速，根據英國氣候、能源和政策組織（Carbon Brief）的最新分析，自1850年以來，中國已經排放了2,840億噸二氧化碳。但200年來美國、英國和許多歐洲國家等發達國家一直在進行工業化，並在此過程中排放5,090億噸二氧化碳。而自工業革命開始以來，世界已經升溫了1.2℃，科學家們表示，需要將其保持在1.5℃，以避免氣候危機的影響不斷惡化。中國是一個擁有14億人口的大國，所以它的排放量比小國總體上多是有道理的，且若以人均排放量來看，中國人平均排放量還是比美國人的平均排放量要少得多。根據榮鼎集團的數據，2019年中國人均排放量達到10.1噸，而美國達到了17.6噸。

　　近十年來人類排放CO_2增加將近30%；其次是甲烷，從飼養牲畜的糞便發酵、汙水泄漏及稻田糞肥發酵等活動產生的；還有許多人類合成的，自然界原本不存在的氣體，如氟里昂。溫室氣體的增加，加強了溫室效應，是造成全球暖化的主要原因，已成為世界各國的共識，京都議定書正是為了採取措施減少溫室氣體排放，由聯合國發起，世界各國達成的協議。

　　2021年10月25日聯合國世界氣象組織（WMO）公布報告，指出2020年地球大氣中的溫室氣體濃度再創歷史新高，較2019年上升2.5ppm，達到413.2ppm，高於過去10年平均水準，即便二氧化碳排放量曾在防疫封鎖期間暫時下降。而2020年的溫室氣體濃度增加速度，仍高於2011～2020年的年平均速度，2021年11月已觀測到大氣層二氧化碳濃度首度突破415.01ppm，這是人類有史以來首見。

1990年以來，全球二氧化碳排放長期趨勢走升

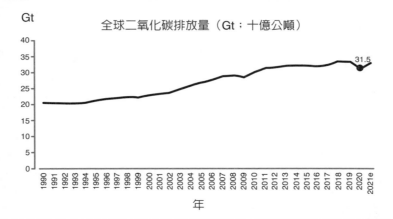

全球二氧化碳排放量（Gt；十億公噸）

2021年10月25日聯合國世界氣象組織公布，指2020年地球大氣中的溫室氣體濃度再創歷史新高，較2019年上升2.5ppm，達到413.2ppm，高於過去10年平均水準，2020年的溫室氣體濃度增加速度，高於2011～2020年的年平均速度。全球二氧化碳排放長期趨勢〔圖／國際能源署（IEA）〕。

二氧化碳排放量（MtCO$_2$）及國家排名

排名	國家		數值
中國	1		10065
美國	2		5416
印度	3		2654
俄國	4		1711
日本	5		1162
德國	6		759
伊朗	7		720
南韓	8		659
沙烏地阿拉伯	9		621
印尼	10		615
加拿大	11		568
墨西哥	12		477
南非	13		468
巴西	14		457
土耳其	15		428
澳洲	16		420
英國	17		379

自1850年以來，美國累計排放的二氧化碳幾乎是中國的2倍。即使是數百年前排放的也會導致今天的全球暖化。隨著國家的快速發展，中國的二氧化碳排放量在2000年代開始加速，根據英國氣候、能源和政策組織最新分析，自1850年以來，中國已經排放了2,840億噸二氧化碳。2020年各國碳排放量排行；全球總排碳量: 34,807 MtCO 。根據榮鼎集團的數據，2019年中國人均排放量達到10.1噸，而美國達到了17.6噸（圖／Global Carbon Atlas）。

4-19 聯合國氣候變化框架公約與氣候協定

自從工業革命起人類燃燒化石燃料導致大氣層內二氧化碳濃度由280ppm上升至2021年11月達415.01ppm，近十年來增加將近30%；其次是甲烷，從飼養牲畜的糞便發酵、汙水泄漏及稻田糞肥發酵等產生；另有許多人類合成的，如氟里昂，這些增加的氣體，是造成全球暖化的主因，其中二氧化碳是地球大氣的重要組成部分，因其會產生較強的溫室效應，被認為是造成氣候變化的關鍵原因。

為減緩二氧化碳過度排放造成的氣候危機，自1992年以來，《聯合國》逐步對各國碳排放加強約束，**京都議定書**（Kyoto Protocol）即為最早由聯合國發起，經世界各國達成的協議，於1997年12月在日本京都所召開的氣候變化綱要公約會議制定的。2015年12月聯合國氣候峰會再通過**巴黎氣候協議**（Paris Agreement），以取代京都議定書。巴黎協定於2016年11月4日正式生效，2018年COP 24會議通過**卡托維茲氣候包裹決議**（Katowice Climate Package），確立協定自2020年起開始實施，此後無論是已開發或開發中國家皆須落實所提**國家自定貢獻**（Nationally Determined Contributions, NDC）文件，並每5年提送一次更新報告，以達成於本世紀末限制全球氣溫升高幅度介於1.5～2℃之目標。2023年起每五年進行一次全球盤點的計畫，以評估各國的實際行動在減緩氣候變化中的貢獻。

根據**全球碳計畫**（Global Carbon Project, GCP）報告顯示，2021年全球碳排放量重回歷史高點，尤其中國、美國、歐盟及印度等4大國碳汙染發源地，排放量共占全球碳排放量的60%；2021年燃燒化石燃料所造成的碳排放量增幅約達4.1～5.7%。由於2020年全球爆發疫情導致經濟趨緩，由天然氣、高汙染煤造成的碳排放跟著減少，但2021年全球碳排量卻回補超過2020年減少的量，逼得2021年召開的COP26氣候峰會上的各國領袖「必須面對現實」。美國與中國兩個最大二氧化碳排放國，會中宣布將合作對抗氣候變遷的協議，包含削減甲烷排放，逐步淘汰煤炭消費，以及保護森林。根據COP26文本主要分為以下4點：

1.**首次提出逐步減少煤炭使用**：190個國家同意逐步減少使用煤炭能源，並降低政府對於石化能源的補貼。2.**減少甲烷排放量**：超過100個國家同意於2030年以前減少甲烷排放量30%，但中國、俄羅斯、印度、伊朗和畜牧業澳洲並未加入此項簽署。3.**加速轉型零碳排電動車**：超過35個國家和部分全球主要車廠簽署加速轉型至零碳排電動車，致力於2035年生產100%零碳排汽車。但美、德、日、中4個經濟體和Toyota及Hyundai並未簽署此項協議。4.**超過40個國家簽署格拉斯哥突破倡議**（Glasgow Break throughs）：政府、企業、城市共同合作，致力於能源、運輸、農業及鋼鐵等產業對抗全球變遷的目標。

COP26氣候峰會上美國與中國兩個最大二氧化碳排放國，宣布將合作對抗氣候變遷的協議，使全球暖化與氣候危機能因此露出曙光。

COP 26目標將全球升溫控制在1.5度以下

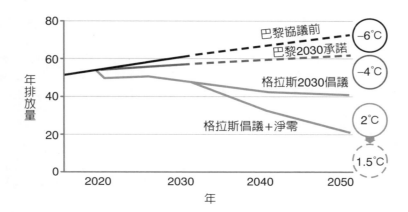

聯合國氣候峰會COP26於2021年11月12日正式結束，並由100多個國家簽署協議，目標為控制未來升溫上限至1.5℃，同時也成為全球首個逐步減少「煤炭」使用量計畫的協議。COP26在英國蘇格蘭格拉斯哥舉行，東道主英國在會上呼籲結束煤炭時代，表示已有77個簽署方，包括46個國家如波蘭、越南及智利承諾逐步淘汰使用煤炭。（資料來源：國際能源署IEA）

聯合國氣候變化大會（COP26）在英國蘇格蘭格拉斯哥舉行，東道主英國在會上呼籲結束煤炭時代，表示已有77個簽署方，包括46個國家如波蘭、越南及智利承諾逐步淘汰使用煤炭。

4-20 全球暖化與氣候危機

　　全球暖化帶來的氣候危機，主要包括：(1)**洪患頻傳**：全球變暖使覆蓋格陵蘭島和南極洲的冰川及冰層融化，海平面逐年上升，除此之外，當大氣暖化，空氣可儲存的水分增多，降雨量也會增加，並引發更多水災。(2)**異常乾旱**：氣溫升高加劇土壤水分蒸發，使週期性乾旱的地方比以往面臨更嚴重的乾旱。全球大部分的沙漠都位處亞熱帶，受到的影響尤其嚴峻。(3)**熱浪侵襲**：持續溫度和濕度升高，增加熱浪的強度和出現的頻率。目前全球每三人中，就有一人每年至少20天生活在致命的酷熱天氣情況下。(4)**熱帶氣旋增強**：熱帶氣旋需要溫暖的海水，所以大多在熱帶地區形成。海水升溫為風暴提供更多能量，以致每次熱帶氣旋的風勢和破壞力都比過往猛烈。(5)**缺糧與饑荒**：氣溫上升、缺乏水或養分，都會妨礙農作物的生長，令收成減少，而極端氣候更會破壞農作物，直接打擊糧食供應。(6)**水資源破壞**：全球暖化致極端氣候改變降雨模式及水循環，為某些地區帶來旱災，另一些地方帶來洪水。旱災使地區缺乏食水供應，威脅農業及人民生存。

　　目前全球各地都已感受到氣候危機的威脅，但最受影響的是發展中國家的人民，他們欠缺社會保障、完善的基礎設施及資源等，因而面臨氣候危機下的三種挑戰：

　　(1)**經濟負擔**：英國帝國學院商學院（Imperial collage business school）於2018年研究指出，發展中國家易受人為氣候變化影響，如洪水或旱災，樣本中的國家在過去十年中因此額外承受400億美元的債務，在未來十年更將面臨1,680億美元的債務。(2)**糧食供應不足**：大部分位於亞洲、中東、非洲以及南美的國家都是發展中國家，根據聯合國2018年報告指出，直至2050年之前，那些地區將面臨農產量下降。在發展中國家，面對貧窮及糧食不足的人口大多依賴農業生產及天然資源維持生活，包括以耕作提供食物或賺取金錢來購買其他糧食。發展中國家的農業生產下降，將威脅人民的糧食供應，嚴重更可造成糧食危機。(3)**人民流離失所**：氣候變化威脅天然資源的供應，例如：糧食及食水，亦引發更頻繁和嚴重的自然災害，對於某些地區更威脅人民生存，迫使他們離開家園，甚至要遷移到其他國家，尋求庇護，他們被稱為**氣候移民**（Climate Migrant）。依據**國際移民組織**（Internal Displacement Monitoring Centre，IDMC）指出2018年，已經有1,720萬有關天災引致的移民個案，並涉及148個國家，當中來自阿富汗、索馬里及其他國家大約有70萬人，都是因嚴重旱災而離開家園。

　　2021年暖化造成的氣候威脅，讓一個非洲出現兩個世界。肯亞北部兩個雨季，都沒有下足夠的雨，大量牲畜缺糧、缺水而死，更多肯亞人處於飢餓邊緣。另外南蘇丹則碰上60年最嚴重洪患，多達85萬人因而流離失所。

左：非洲東部國家肯雅與索馬，2021年12月前後宣布乾旱緊急狀態。其中，肯尼亞兩個雨季都缺雨，平均降雨量不到正常的三分之一，旱情波及全國47個郡中的23個。攝影師在Wajir國家野生動物保護區拍攝到6隻長頸鹿因旱災死亡的相片，畫面震撼人心（圖／Ed Ram/Getty Images）。
右：聯合國人道主義事務協調廳2021年10月指出，在非洲之角東部嚴重乾旱雨量不足，逾200萬肯雅人受飢餓（圖／聯合國網頁）。

左：中國2020年6月27日多處豪雨成災，多達26個省超過千萬居民受影響，因長江上游水庫洩洪，導致湖北宜昌市等地方大淹水，而四川更是發生連日暴雨引發山崩意外，2020年8月17日為21世紀最嚴重，中國建國50年以來最大洪水，成都直接淹到2樓，四川成都金堂縣災情慘重，許多當地人拍下現場慘狀上傳，整個城市一片汪洋，災情相當慘重。右：2021年12月10日夜間至11日清晨美國中部6個州遭遇至少50場龍捲風襲擊。這場龍捲風跨越長度超過352公里，且破壞力特別強，有些城鎮徹底摧毀，死亡人數超過90人，是史上路徑最長的龍捲風之一。目前最長記錄為1925年橫跨3州、路徑352公里的龍捲風，這次的龍捲風也將成為歷史性事件。

第5章
全球暖化跡證

5-1 北極地區異常升溫，冰架不斷崩裂

　　北極地區2018年夏季異常溫暖，格陵蘭以北長年結凍的海域，出現史上首次海冰崩解，黑爾海姆冰河也斷裂一大塊，形成巨大的漂浮冰山，顯示氣候暖化與海平面上升。德國紐倫堡大學極地專家特頓博士（Dr. Jenny Turton）表示，自1980年以來，當地氣溫已經升高了3℃，2019年和2020年夏季溫度還是不斷創新高。而丹麥暨格陵蘭地質調查局（GEUS）的冰川氣候學者博克斯（Jason Box）則表示，自從格陵蘭西北部的彼得曼冰川（Petermann Glacier）在2010年與2011年間損失大量面積後，79N就成為北極最大的冰架，是格陵蘭融冰最顯著的地方。79N冰川是格陵蘭東北部冰流的一部分，長約80 km、寬約20 km，從衛星照片中可以發現冰川已一分為二，其中較小的冰川就是這次崩裂的史帕特冰川，流失冰架面積多達110 km²。事實上，該冰川在2019年就已經出現嚴重裂痕，一直到2020年9月衛星畫面顯示，北極剩餘的最大冰架位於格陵蘭東北部的79N冰川有一大塊脫離，脫離的面積大約有110 km²，已碎成許多較小的冰塊。這條冰川徹底崩解，成為海面上漂浮的無數冰山。

　　丹麥暨格陵蘭地質調查局也觀測到，在剩餘冰架上，融冰速度正在加快，根據統計，自1999年以來，格陵蘭冰川已有160 km²的冰消失，大約等於兩個紐約曼哈頓島，且冰層消失速度在過去兩年間不斷加速。另外，海洋學家也觀測到比往年更高的海水溫度，這也間接說明，冰架不止從上方崩裂，甚至還從水下融化。

　　據CNET報導Wandel海的最後冰區（Last Ice Area）被認為是北極地區抵禦氣候變化的最後堡壘：這是格陵蘭島和加拿大以北的一片海冰，即使在氣候變化導致地球溫度升高的情況下，預計也會保持冰凍。這是一個重要的生態區，為北極熊、海鷗和海象等依賴冰雪的生命，以及北極地區的原住民提供一個避難所。最後冰區可能是依賴冰雪物種的最後避難所，但最後冰區可能比以前認為的更容易受到氣候變化的影響。

　　2019年整個北極海冰濃度是有記錄以來的第二低，而海洋本身在8月經歷了它自己的最低記錄。隨著氣候變化的加速，冰層不斷變薄，對依賴海冰的北極野生動物和社群造成影響，其後果可能是毀滅性的。一些氣候模型預測，到2040年，北極地區總體上將只剩下很少的冰，但最後冰區有可能成為防止萎縮的避難所。在現有的碳排放條件下，12個北極熊亞群在未來80年都將遭到毀滅性打擊，數量急速下降面臨滅絕。即使我們遵循並勉強實現《巴黎協議》的目標，將全球平均氣溫較前工業化時期上升幅度控制在協議目標2℃，大量北極熊仍然會死亡，最終也會面臨滅絕，無非就是時間推遲了一些而已。

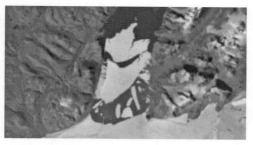

左：全球暖化日益嚴重，北極剩餘最大冰架79N冰川，位於格陵蘭東北部，在2020年9月間逐漸發生崩裂。右：79N冰川已一分為二。（圖／翻攝自Bundesamt für Kartographie und Geodäsie）流失冰架面積甚至比法國巴黎還大，格陵蘭正在快速暖化，北極冰架的損失是暖化的進一步證據。

左圖：上部是1979年的海冰覆蓋率，下部是2019年的海冰覆蓋率（圖NASA）。右圖：研究指出北極地區的暖化速度是整個地球平均的兩倍，導致當地大量海冰融化，最後冰區被認為是北極地區抵禦氣候變化的最後堡壘。這是一個重要的生態區，為北極熊、海鷗和海象等依賴冰雪的生命，以及北極地區的原住民提供了一個避難所。

5-2 南極地區不斷創高溫，冰架崩裂成大冰山

英國南極勘測研究單位（British Antarctic Survey, BAS）於2021年2月表示，大小如倫敦都會區的一座巨大冰山，已從英國南極研究站附近的冰架崩離而出，這座冰山面積達1,270 km²，從150 m厚的布倫特冰架（Brunt Ice Shelf）崩裂。將近10年前科學家即發現這座冰架出現大裂縫，2021年2月該裂縫擴大數百公尺後即完全與冰架分離。聯合國2021年7月證實，南極大陸的最高溫已創下新記錄，2020年曾測到18.3℃。聯合國世界氣象組織表示，這個創紀錄的溫度是由南極半島上阿根廷埃斯佩蘭薩（Esperanza）研究站在2020年2月6日測得。

英國哈雷6號研究站（Halley VI ResearchStation）每天都在觀測這個龐大浮動冰架的狀態，這座可移動的研究站從2016到2017年間曾向南極內陸搬動，因為當時冰架上的裂縫已有崩斷成冰山之虞。研究站內12人於2021年2月稍早已離去，這座研究站冬季必須保持空無一人，以防這個季節出現無法預測的情況。惟站內全球定位系統測量到的數據仍能傳輸到英格蘭東部劍橋的一座中心，以供分析。

南極斷裂的冰山對人類最明顯的一個影響是它會對穿越北大西洋和南極洲附近水域的船隻構成威脅。因為冰山是一直運動著的，它就像是一艘緩慢行駛在海面上的巨輪，你無法判斷它的軌跡，而當你看到它時，卻已經來不及掉頭了，鐵達尼號正是經歷了這種悲劇。另外，冰架的崩斷容易引起連鎖反應，就像拉森冰棚（Larsen Ice Shelf）於2008年崩解使得附近的冰川遭受影響一樣，布倫特冰架的崩斷也勢必牽連鄰近的冰川或剩餘的冰架。

冰川是高寒地區的積雪層層堆積而成的冰，它會在重力作用下沿著斜坡向下滑動，因此會展現出河流般的景觀，而冰架則漂浮於海面上並受海水推動才運動著的，它的邊緣和底部會與海水發生摩擦，也會受到河床水壓的作用，這些因素能導致冰架的縱向拉伸，而裂縫正是由縱向拉伸所控制。而冰架在吃水線附近的融化，也是導致冰架崩裂的重要原因之一，它削弱了海面以上的冰質量並使得冰水進入裂縫。其他如潮汐、地震、浮力的變化及冰川融化導致海水增多等因素也會影響冰架的崩裂。

南極洲位於地球南緯60度以南的地區，常年冰雪覆蓋，存儲著全球約70%的淡水，是地球最大的「冰庫」，人跡罕至為企鵝生長的天堂。但全球暖化導致那已成為過去式了，南極洲西部的海水溫度升高，冰層迅速融化，西南極的思韋茨冰川（Thwaites Glacier）、松島冰川（Pine Island Glacier）皆岌岌可危。冰架是南極的骨架也是南極的「守門人」，如果不斷崩斷以至消失，那整個南極的冰川也難以保全。而當大量的冰融化於水中時，將引起全球海平面上升，人類文明還能否得以延續呢？全球暖化導致氣候危機的紅線絕不是只畫到當下，而是一直延伸到未來，如果我們不積極有效應對，那苦果就會留給後代子孫了。

2015年01月27日澳洲科學家對南極冰川進行考察，發現海水的升溫正在從底部融化全球最大冰川之一的南極洲托騰冰川（Totten Glacier）。位於阿根廷與南極洲交界的埃斯佩蘭薩基地（Esperanza Base）觀測站，也接連觀測到南極洲有記錄以來的最高溫17.5℃，美國過去18年間保護南極冰床的冰棚也減少了20%。

巴西研究計畫「Terrantar」團隊2020年2月13日指出，南極洲西摩島2月9日首度記錄到20.75℃，是當地有史以來最高溫度。接著2021年2月南極布倫特冰架大崩裂，造成1,270 km²的冰山墜入大海，引起科學界憂心。

冰架邊緣斷裂形成冰山的過程在科學上被稱冰產犢（Ice calving），這是因為它有點像母牛生小牛。

5-3 極端氣溫導致每年近500萬人死亡，北極熊接連失去棲地

自工業革命以來南極半島與附近島嶼的氣溫已升高近3℃，是地球上氣溫升高速度最快的地區之一。2020年2月阿根廷國家氣象局就指出南極洲溫度創新高，埃斯佩蘭薩基地（Esperanza）2月6日溫度達18.3℃，創1961年以來歷史新記錄；另一基地馬蘭比奧（Base Marambio）也監測到14.1℃，創1971年以來2月最高溫。

2021年8月11日意大利西西里島氣溫飆升至48.9℃，創歐洲新高溫記錄。西西里島氣象專家朱利奧貝蒂（Giulio Betti）表示，當地時間8月11日13時14分，在西西里島錫拉庫薩測到近48.9℃高溫，是歐洲有史以來有官方記錄的最高氣溫。歐洲大陸的最高溫記錄發生在1977年10月希臘雅典，當時氣溫達到48℃。隨著地中海地區創記錄的熱浪，也造成該地區發生許多災難，如土耳其和希臘的大火更增加高溫壓力。此外意大利南部許多地區也頻頻出現火災，2021年8月10日至11日晚，消防部門接報300多場火災，意大利政府因而宣布進入緊急狀態。

2021年8月13日美國國家海洋與大氣總署宣布，2021年7月比20世紀7月份的平均溫度高出0.93℃。由於7月是全球一年中最熱的月份，因此這也是142年有記錄以來地球最熱的月份。2015年到2021年的7月份是有記錄以來最熱的幾個月，美國和歐洲部分地區，2021年7月全球平均氣溫為16.73℃，打破往年7月的溫度記錄。NOAA因此表示2021年是一個最炎熱且充斥乾旱、野火和洪水的夏天。

2021年7月北半球除在土耳其、希臘、美國加州、加拿大及西伯利亞同時燒起熊熊大火，日本北部夏季溫度也打破記錄，東京奧運會選手在異常炎熱的環境中比賽。北愛爾蘭在5天內兩次打破歷史高溫記錄，美國中部各州的溫度飆升至37℃以上。英國權威期刊《刺胳針地球健康》2021年7月初發表研究指出，極端氣溫每年導致全球近500萬人死亡，與高溫相關的死亡人數逐漸增加。

2021年7月北愛爾蘭在一週內3次打破歷史最高氣溫記錄，英國氣象局表示，7月22日北愛爾蘭阿馬市氣溫為31.4℃，是有記錄以來的最高氣溫，在這場熱浪之前，該市的記錄已經保持了45年。與此同時，蘇格蘭和威爾斯的氣溫也創下2021年以來的最高溫，英格蘭德比郡的最高氣溫為30.7℃、英國氣象局向英格蘭南部和中部以及威爾斯的大部分地區發布有史以來第一個極端高溫警告，因為道路已經出現融化的跡象。

斯瓦巴位在北極地區的群島，橫跨北緯74°至81°間，是挪威最北界的國土範圍，也是全球常駐平民人口聚居地當中最北的領域。在如此極北的地域裡，從前曾被當成捕鯨站使用，後來因為煤礦開採形成聚落。不過，也因為人為發展的侵害較少，此地的沿海區域是北極熊、海象、海豹、北極狐和鯨類的棲息地，整座群島更有近70%的範圍全是國家自然公園。但近幾年來卻在全球暖化造成氣候變遷的影響下，導致愈來愈多海冰溶化，不僅造成海平面上升，北極熊接連失去棲地和糧食的悲劇，也不斷上演。

左：隨著地中海地區創記錄的熱浪，意大利南部多處也頻繁出現火災，2021年8月10日至11日晚，消防部門接報300多場火災，意大利政府因而宣布進入緊急狀態。右：2020年6月，西伯利亞發生嚴重大火，超過1,000萬公頃針葉林等森林陷入火海（Julia Petrenko / Greenpeace）。

圖：北極地貌急遽變化讓北極熊面臨許多嚴峻威脅，科學家坦言預計在本世紀末前，會出現季節性的「無冰北極」，《Nature》雜誌更證實，若以這樣的態勢發展不到百年後，北極熊會完全滅絕。

北極逐漸冰融，不少油、天然氣公司覬覦北極地帶的豐富資源，想要在當地北極棚進行採油勘探工程，令北極熊棲息地嚴重被破壞，甚至產生漏油事件，原油的有毒物質會令當地生物死亡，同時亦降低北極熊皮毛的絕緣和隔熱效果。

5-4 北半球冰雪面積縮減，北極航線通行

　　全球暖化造成的反常與極端氣候愈演愈烈，2020年夏天受到西伯利亞罕見熱浪衝擊，科學家觀測到北極海冰覆蓋面積創下40年來第二低點，僅略多於2012年的歷史最低記錄；美國國家冰雪資料中心（National Snow and Ice Data Center）研究發現2020年北極海冰面積在9月15日達到最低點，僅有374萬km^2，是有記錄以來第二次不足400萬km^2，僅高於2012年的歷史最低點341萬km^2，北極海冰融化不僅威脅當地生物，也影響全球氣候。

　　2012年觀測到的低點緣於季末氣旋風暴造成海冰解體，而2020年8月31日～9月5日間，西伯利亞熱浪產生的暖空氣讓北極海冰快速融化，其速度前所未見。極北極寒的西伯利亞地區在2020年接連出現罕見熱浪，甚至飆到38℃高溫，若不是人類活動造成的全球暖化，西伯利亞根本不可能出現熱浪。

　　隨著北極海冰消融，愈來愈多顏色較深的海面也跟著暴露出來。根據美國國家冰雪資料中心，海冰的淺色表面能將80%的陽光反射回太空，進而調節全球氣候；深色海面則會吸收90%的太陽輻射，加速海水暖化海冰也消失得更快。這可解釋爲什麼在過去30年中，北極表面溫度上升速度是其他地區的2倍甚至更快。極圈野生生物專家佛曼（Tom Foreman）指出，海冰消失也威脅北極地區的生態，從北極熊、海豹到浮游生物無一例外，整個生態環境的穩定度都受到威脅。

　　據2020年8月31日自然氣候變化（Nature Climate Change）期刊報告〈1990年後全球冰河湖的快速成長〉指出，高緯度與高海拔地區的冰河快速後退，融化的淡水在山谷間形成**冰河湖**（glacial lake）。截至2018年全球14,394座冰河湖的總面積約33個臺北市大，總容積約156.5 km^3。冰河不斷後退的同時，融化的淡水乃匯聚成冰河湖，近30年間迅速擴張，數量、面積及容積都增加約50%。雖然山區谷地的淡水湖對居民而言是重要的水資源，但氾濫隱患也威脅人身財產，更可能破壞基礎建設而成爲一種氣候危機。

　　由於全球暖化北極冰層在夏天迅速融化，目前從7月中到10月中旬，船隻可以在北極航線航行。馬士基號貨船2018年成功越過白令海峽，是第一艘成功挑戰北極航線的大型貨船，證明北極航線在夏天融冰之際可以航行。**北極航道**（Arctic channel）又稱**北冰洋航線**（Arctic route），是指穿過北冰洋，連接大西洋和太平洋的航線。北極航道是由兩條航道構成，即加拿大沿岸的「西北航道」和西伯利亞沿岸的「東北航道」。東北航道，西起西歐和北歐港口，穿過西伯利亞與北冰洋毗鄰海域，穿過白令海峽到達日本、韓國等國際港口。西北航道大部分航段位於加拿大北極群島水域，以白令海峽爲起點，向東沿美國阿拉斯加北部離岸海域，穿過加拿大北極群島，直到**戴維斯海峽**（Davis Strait）。

左：2020年9月15日觀測到北極海冰覆蓋面積低點，為記錄史上次低（美國國家冰雪資料中心）。右：受全球暖化影響，冰河不斷後退的同時，融化的淡水乃匯聚成冰河湖。據自然氣候變化期刊2020年8月31日刊登的研究報告指出，全球冰河湖總容積在30年間增加48%，圖為格陵蘭黑爾海姆冰川（AP）。

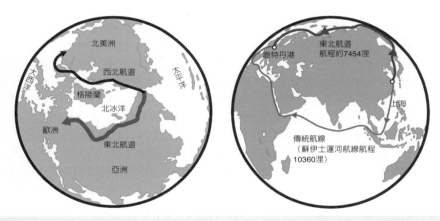

東北航道也稱為「北方海航道」，大部分航段位於俄羅斯北部沿海的北冰洋離岸海域。從北歐出發，向東穿過北冰洋巴倫支海、喀拉海、拉普捷夫海、新西伯利亞海和楚科奇海五大海域直到白令海峽。在東北航道上，連接五大海域的海峽多達58個，其中最主要的有10個。西北航道大部分航段位於加拿大北極群島水域，以白令海峽為起點，向東沿美國阿拉斯加北部離岸海域，穿過加拿大北極群島，直到戴維斯海峽。

新的北極航道不僅僅有著巨大的經濟性，還讓某些亞洲國家，諸如中國、日本和韓國的海上航線不再受到麻六甲海峽和印度洋上某些國家的威脅。

5-5 北極林木線北移並出現野火，海床出現 41個深坑

全球各地近年來頻頻出現極端氣候，如2021年夏天美國西北部出現歷史性高溫，熱浪溫度飆逾50℃，而世界氣象組織2021年12月14日證實，俄羅斯西伯利亞2020年6月曾測得38℃高溫，創下北極圈有史以來最高溫記錄。西伯利亞的極北土壤原是常年冰封的，但近年這些**永凍土／永凍層**（permafrost）急速融化造成土壤流失，並釋放出大量溫室氣體，永凍土融化也被視爲全球暖化的又一例證。在此過程中，西伯利亞地貌遭逢毀容之災，本來平坦的土地上出現一個又一個疙瘩般的土堆，同時又被逐漸新形成的池塘吞噬。

北極圈研究員Dr. Sue Natali，她自2012年開始研究因氣候暖化導致永凍土融化影響。她表示有些地區的永凍層消融快速，甚至出現大面積塌陷，表示氣候暖化除了造成北極冰層融解，也釋放出大量的碳、甲烷、具毒性汞及古老的病毒。

據2012年6月《自然地球科學》期刊，觀測發現約15萬個CH_4洩漏點，主要分布在正融化冰川和永凍土一帶，釋放出存儲在海床中的CH_4，超過任何地面觀測到的CH_4洩露；在深水區CH_4氧化成CO_2鑽出海面後，進而對全球暖化產生更大影響。本來北極的氣溫是−25℃，但現在實際記錄到的溫度卻是＋1、2℃，使永凍層融化速度加快造成地面坍塌。北極正在發生許多變化，包括：冰蓋逐漸融化，**林木線**（timberline）向北移；暖化速度是其他地區的2倍，即因反射陽光的冰雪減少，取而代之的是容易吸收光照熱量的海面和土壤，造成更多熱量累積。往常非常低的灌木植物，已經隨著氣溫變暖而長得愈來愈高，不僅如此，其他較高的新植物也正在侵入北極地區。全球30～50%的**土壤碳**（Soil Carbon）都存於北半球的永凍土中，植物高度的增加，這部分土壤碳很有可能會因此被釋放出來。北極植物高度增加，就是全球氣溫不斷升高的一部分縮影。現在北極不僅冰層漸融，甚至還出現野火：2019年10月西伯利亞大規模森林火災持續3個多月，400多萬公頃針葉林被大火吞噬，連格陵蘭、阿拉斯加和加拿大北方森林也發生大火。

2022年3月14日美國國家科學院院刊（PNAS）發表論文指出，科學家利用艦載聲納系統與水下無人機技術，對阿拉斯加北方的加拿大波弗特海（Beaufort Sea）實施多次海底探測，經比較該水域海床地貌在2010～2019這9年間出現巨大變化，發現26平方公里內出現41個內側陡峭的巨坑，最大坑洞深度30公尺長約225公尺寬95公尺，平均深度高達6.7公尺。這些大小不一的巨坑在2010年尚未出現，但在2019年的報告就已存在，短短9年就出現這麼大的變化，在觀測史上並無前例，氣候變遷導致陸地上的永凍土融化，但也正劇烈改變北極圈的海床地貌，一些深坑大到足以容納一個街區，而整片深坑區足以容納整個上海。在十年間的持續觀察中，一些深坑還出現有活動之跡象。

左：這隻熊在俄羅斯東北方的利亞霍夫群島，因當地的永凍層融化導致熊的軀體被發現。右：
2019年10月西伯利亞發生大規模森林火災持續3個多月，400多萬公頃針葉林被大火吞噬，格陵
蘭、阿拉斯加和加拿大的北方森林也發生了大火。

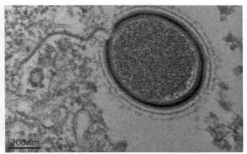

左：阿拉斯加正在融化的永凍土：據《自然－地球科學》研究論文，觀測發現約15萬個CH_4泄漏
點，釋放出存儲在海床中的CH_4，超過任何地面觀測到的。右：科學家在西伯利亞發現3萬年前的
永凍土，其中含有炭疽等傳染性病毒。

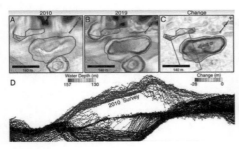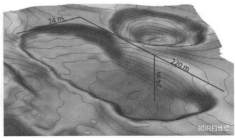

美國國家科學院發布論文指阿拉斯加北方的波弗特海發現26平方公里內出現41個內側陡峭的巨
坑，最大坑洞深度30公尺、長約225公尺、寬95公尺，平均深度高達6.7公尺，科學家通過聲納系
統在北極海床上發現大量深坑，整片深坑區足以容納整個上海。在十年間的持續觀察中，一些深
坑還出現「活動跡象」（圖／美國國家科學院院刊）。

5-6 全球海平面上升危機，臺灣亦不能倖免

　　從1850年人類就已開始海平面觀測，目前全球海平面每年平均上升約20 cm，上升速度更從2000年起逐漸加速。據美國NOAA資料顯示，2018年夏季全球各地已出現至少118項歷史高溫記錄，並帶來許多複合型天然巨災，如冰河變少、極地冰凍原融化、海水位上升、乾旱、野火及洪水等自然災難。冰川融化導致海平面上升淹沒陸地，使上千萬的人失去家園。全球約76億人口中，有十分一的人正居住低於海平面10 m的地區，假如地球升溫1.5℃，兩極冰山融化將使海水水位進一步上升，將嚴重威脅沿海人口生命與生態系統造成破壞。

　　聯合國氣候變化綱要公約第26次締約方會議（COP26），英國首相強生直接點名，海平面上升已成全球危機，當全球升溫4℃，我們將告別許多城市，包括邁阿密、上海等都將被淹沒。根據2021年8月政府間氣候變遷問題小組IPCC報告，地球均溫升高速度比預期早了10年，海平面上升速度更加快近3倍。一些位處熱帶的發展中國家、小型島國及人口密度較高的三角洲地區情況更為嚴峻；沿海大城市如英國倫敦、澳洲雪梨及中國上海等地將無一倖免；世界遺產如義大利威尼斯漲潮期間水位已淹到成人的膝蓋，隨著全球暖化加劇，南北極冰帽融化，海平面上升影響已成21世紀全球正嚴重面臨的難題。

　　據世界銀行報告指出，海平面上升將導致馬紹爾群島共和國的首都馬久羅（Majuro）面臨永久淹沒。馬紹爾群島人口約5.9萬，座落北太平洋，位夏威夷和澳洲之間的島嶼國家，由1,156個島嶼組成。陸地面積僅180 km²。2021年8月太平洋島國論壇發表聲明，18個太平洋島國的領導人承諾修補**海域基線**（maritime zones），以便在島嶼縮小或消失的情況下，各國保留相同數量的海洋領土。

　　太平洋中部島國吉里巴斯，由大小33個島嶼組成，總人口約12萬，全國最高處位於首都南塔拉瓦，海拔僅約3 m左右。吉里巴斯人一直依賴淡水潟湖種植蔬菜和糧食，如當地必不可少的沼澤芋頭。然而，海平面不斷上升，海水滲入土壤，潟湖淡水正慢慢變鹹，單靠降雨補充淡水，潟湖已經不再適合種植沼澤芋頭。2014年吉里巴斯政府斥資877萬美元，到遠在2,000 km外的斐濟購買了一個占地約22 km²的莊園。然而吉里巴斯人並不願意失去家園，這裡有他們的文化和社區，他們還在做最後的努力。

　　全球海平面正以每年1.9 mm的速度上升，臺灣海平面上升速度是全球平均的兩倍，過去20年以每年3.4 mm的速度持續上升中。臺灣四面環海受地理位置和洋流影響，當海平面持續上升，會淹沒沿海低窪地區，讓民眾流離失所。成功大學20多年來利用靜水井功能觀測臺灣海洋水文變化，從1980到2000年之後，整個趨勢是往上的，許多地區都將難以倖免。更可怕的是暴潮巨浪會呈倍數的衝擊，影響我們沿海低窪地區居民生命財產安全。

左：2017年3月中國國家海洋局發布《2016年中國海平面公報》指出，中國沿海的海平面比起往年高出80 mm，是36年來最高水位。右：上海、浙江的海平面升幅最大，比往年上升102 mm和125 mm（路透）。

左：義大利威尼斯深受氣候暖化影響，漲潮期間水位已淹到成人的膝蓋（圖Giacomo Cosua / Greenpeace © Giacomo Cosua / Greenpeace）。右：海平面上升加上未來風暴潮增強影響，將使低窪地區遭到溢淹。

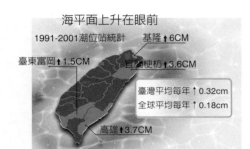

全球海平面正以每年1.9 mm的速度上升，臺灣海平面上升速度是全球平均的兩倍，過去20年以每年3.4 mm的速度持續上升中。

5-7 聯合國氣候變遷評估報告，揭露全球暖化衝擊且持續發生

IPCC分別在1990年（FAR），1995年（SAR），2001年（TAR），2007年（AR4），2014年（AR5）發布5份氣候變遷評估報告，並且在2018年發布《1.5℃特別報告》（SR15），2019年發布《氣候變化和土地》（SRCCL）以及《氣候變化中的海洋和冰凍圈》（SROCC）兩份特別報告。2016～2022年是IPCC AR6的工作期，包括前述3個特別報告以及IPCC AR6的正式報告。

2021年8月9日聯合國政府間氣候變遷專門委員會公布第六次氣候變遷評估報告第一冊，統整氣候科研團隊自2013年發布的AR5以來，對過去、現在、未來氣候變遷的進一步理解。IPCC在1992年發布第一次氣候科學評估報告後啓動研究循環機制，每隔幾年便會發布一次氣候評估報告，並將每一次報告稱爲一循環（cycle），在每次評估報告發布後，就啓動下一循環的科研結果統整，並於適當時機發布特別報告。第六循環於2015年啓動，最終成果爲2021年發布的AR6，該評估報告揭露的關鍵資訊如下：

1. 科學研究證實，全球暖化現象正全面衝擊且持續發生：包括2,000多年來最嚴重的冰河退縮，破12,500年記錄的近10年全球氣溫，比過去3,000年任何時期都快的海平面上升速度，比過去1,000年任何時期都小的夏季北極海海冰面積，自上個冰河期（約18,000年前）以來最快的海洋暖化速度。這些不斷破記錄的現象，都與工業革命後，人類排放愈來愈多CO_2與其他溫室氣體，如CH_4、N_2O、CFCs。二次世界大戰後，人口劇增、糧食增產及工商業快速發展，更導致溫室氣體排放速度以幾何級數般增長，在2020年CO_2濃度已經高達414.24 ppm。

人爲溫室效應所吸收的多餘熱量約90%儲存於海洋，海水因此暖化且膨脹，再加上近年日漸明顯的陸冰融化，導致海平面上升速度愈來愈快。由於海洋吸收CO_2是地球系統重要的去碳機制，但大氣中的CO_2濃度持續攀升，使海洋吸收了更多CO_2而酸化海水，間接衝擊海洋生態影響整個地球系統。

2. 減少CO_2排放、溫室氣體淨零排放，21世紀末升溫不超過1.5℃仍有機會：IPCC-AR6報告指出，在21世紀末前限制升溫1.5℃以內仍有可能，但經濟發展與能源使用需要徹底轉型，唯一可能的路徑爲「2050淨零排放」，從大氣中捕捉CO_2，並將它儲存於森林、土壤、地層及海洋。去碳行動包括復林與植林、改造土壤增加吸碳量、發展生質能、捕集CO_2並封存於地下、強化海洋生物吸碳能力及從空氣直接捕捉並封存等。唯有在2020年代讓所有溫室氣體排放量迅速減少，且在2050年達到淨零排放，方能讓全球溫度在21世紀末不超過1.5℃。

3. 採取有效行動，開創永續循環新人類世界：人類能避免巨大衝擊的時間愈來愈有限，已經走向不歸路，僅能採取所有可能的行動，調整人類社會的運作方式，降低衝擊，適當且必要的調整或許能開創出嶄新的永續循環新人類世界。

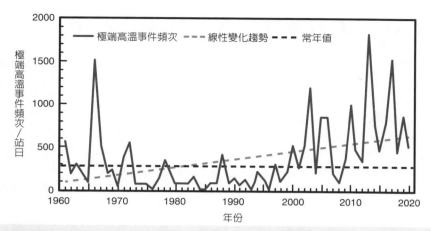

全球變暖背景下的極端事件，包括熱浪、特大暴雨、乾旱和熱帶風暴等，相較IPCC AR5報告，人類活動的影響增加。可以非常確信的是，極端熱事件自1950年以來發生愈來愈頻繁且嚴重；而極端冷事件則變得更少，研究結果顯示人類活動是造成這些變化的主要驅動力。

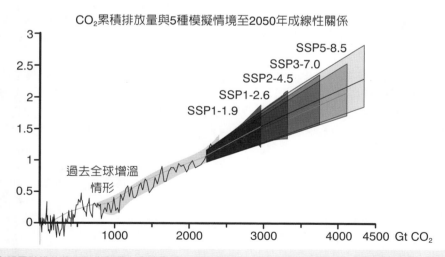

人類累計排放的二氧化碳量和全球變暖的溫度具有線性關系，CO_2每增加1,000 Gt的排放，會增溫0.45°C（0.27～0.63°C）。如若不立即進行減排，幾乎可以肯定未來平均溫度會隨著累計CO_2的增加而持續升高，並給人類帶來災難。

5-8 海洋熱浪威脅海洋生物生存危機

　　1950年代以來大氣熱浪的熱度大幅升高，肆虐時間更長，在海洋上更發現也有**海洋熱浪**（Marine heatwave），且自1980年代以來發生頻率倍增，2013年北美海岸外的太平洋中，突然冒出一團悶熱的水團，讓大量的海洋生物失去生命。無數的海鳥、成千上萬的飢餓幼海獅，被衝上海岸死去。相比正常水溫，這團熱水區域，平均足足高出4℃，反常水溫足足維持兩年才恢復正常；但這僅僅是悲劇的開始，世界各地紛紛湧現同樣詭異的場景。這已經不僅是對生態系統、漁業造就了嚴重的破壞，還造成了大量珊瑚白化、海冰融化以及瀕臨死亡的海草釋放出二氧化碳。

　　據瑞士伯恩大學的環境物理學家Charlotte教授，針對該詭異海洋環境現象的研究。研究團隊發現1981～2017年間，所記錄在案的海洋熱浪，大約有300個平均持續了40天，每個平均下來約覆蓋著150萬平方公里，而超出正常海水的峰值溫度爲5℃之多！他們用相對比較保守風險歸因模型演算法，發現由人類活動引起全球變暖的大趨勢下，海洋深處的熱浪發生機率已高出原來的20倍以上。

　　從2015年開始太平洋海水碰上每隔數年就會異常升溫的聖嬰現象（El Niño），使熱浪更快速變暖，到2016年東北太平洋水溫已高出平均近6℃。巨大的紅色「熱水團」不斷擴張，面積超過100萬平方公里。這股「熱水團」從2014年到2016年持續700多天，水溫過高導致海底的食物鏈完全被破壞。

　　研究發現美國最大出海口乞沙比克灣（Chesapeake Bay）的海洋熱浪頻率和強度近年都有增加。如果這些趨勢持續下去，可能導致漁獲物種減少、底棲生物族群死亡，並使某些水域缺氧問題更嚴重。隨著暖化全球危機，世界各地淺水沿海系統，可能都會遭逢相同命運。

　　不同海域的海洋熱浪發生原因並不盡相同，但大致可歸因爲兩類：一是異常的海洋運動，二是異常的大氣活動。在大洋中存從熱帶向高緯度運動的暖流，當暖流增強時，它比以往攜帶了更多的熱量，會導致海洋熱浪發生。如2010～2011年**利文暖流**（Leeuwin Current）增強驅動西澳沿岸海洋熱浪的發生；2015～2016年東澳大利亞暖流增強導致塔斯馬尼亞沿岸海洋熱浪發生。此外，海洋中的上升流減弱，海洋次表層上湧的冷水減少，也會導致海洋熱浪的發生，例如：2015～2016年和2019～2020年熱帶印度洋的海洋熱浪。科學家認爲平均氣溫上升是導致海洋熱浪更頻繁、更強烈的原因，暖化危機使2016年致命海洋熱浪發生的可能性增加50多倍。以大氣熱浪爲例，過去平均每50年才發生一次的嚴重熱浪，現今每10年就會發生1次；隨著全球暖化日益嚴重，未來可能每7年發生2次。珊瑚是淺水熱浪最大受害者，2021年10月聯合國政府間氣候變遷小組稱，即使人類竭力把全球溫度上升幅度控制在1.5℃，仍有高達90%的珊瑚可能死亡。

圖為2016年海洋熱浪，在美國阿拉斯加沖上岸的海鳥屍體。大量暴斃的海鳥應是餓死的，大多數死去的海鳥沒有被沖上岸，美國阿拉斯加、華盛頓州、俄勒岡州和加州沿海發現的6萬2,000隻死去的海鳥僅占少數，研究人員估計海鳥總死亡數應接近100萬隻，而元兇就是東北太平洋長達數年的嚴重海洋熱浪**熱水團**（hot blob）。

海洋熱浪發生前後的海洋生物變化，顯示對生態系統的嚴重傷害，研究發現美國最大出海口乞沙比克灣的海洋熱浪頻率和強度近年都有增加，導致漁獲物種減少、底棲生物族群死亡，隨著暖化全球危機，世界各地淺水沿海系統，可能都會遭逢相同命運（圖／網絡）。

5-9 2021年7月為142年人類有記錄以來最熱的7月

　　歐洲地球監測計劃哥白尼（Copernicus）發布的數據顯示，2021年全球平均氣溫比工業化前（1850～1900年）平均氣溫高出1.1～1.2℃。過去7年是記錄中最熱的年份，而2021年是排名第6的最熱年，比2019年和2020年略微低溫一些，但仍比之前幾10年熱得多。2021年8月13日美國國家海洋與大氣總署（NOAA）宣布，2021年7月比20世紀7月份的平均溫度高出0.93℃。歷史上的7月溫度全球而言，陸地和海洋加總表面溫度比20世紀平均值15.8℃高了0.93℃，成為142年前人類開始記錄溫度以來最熱的7月。

　　2021年7月隨著極端熱浪襲擊美國和歐洲部分地區，全球平均氣溫打破了往年7月的溫度記錄。NOAA氣候學家桑切斯盧戈（Ahira Sanchez-Lugo）表示，北美西部以及歐亞部分地區的陸地氣溫變暖，確實是7月份高溫創下記錄的原因之一，因為雖然全球平均氣溫僅略高於記錄，但北半球溫度已經遠遠打破先前的北半球歷史數據。北半球的溫度比2012年7月高出0.19℃。總體而言，NOAA數據顯示亞洲2021年渡過有記錄以來最熱的7月，而歐洲也經歷了第二炎熱的7月。2021年7月不論是在北美、南美、非洲還是大洋洲，都是最炎熱月份排名前10位。

　　2015年世界各國領袖簽署《巴黎協議》時，同意以19世紀晚期基準，將全球升溫的幅度能侷限在1.5℃。2021年IPCC AR6報告彙集14,000多項研究，獲得全球195個政府的認可。據AR6報告地球氣候系統正發生史上罕見的劇烈變化，恐怕來不及阻止全球暖化危機與災難，但我們還有機會避免氣候危機與災難最嚴重的狀況，只是這扇「機會之窗」很窄。即使各國今天就大幅削減溫室氣體排放量，到2030年代全球均溫上升將突破1.5℃門檻，全球近10億人口將飽受致命熱浪威脅，數億人面臨乾旱導致的水資源危機，豪雨、颱風、颶風與龍捲風等威力增強，人類生命財產遭受嚴重威脅；許多動物與植物將滅絕，攸關人類漁業資源的珊瑚礁將大量死亡。

　　2021年5月總部位於紐約的諮詢公司榮鼎集團（Rhodium Group）在報告中說，2019年中國碳排放量已超過經濟合作與發展組織（簡稱經合組織，OECD）國家總和，中國2019年的溫室氣體排放達到約140.93億噸二氧化碳當量，占全球總排放量的27%以上，遠遠超過排在第二位的美國。美國的排放量約占全球總排放量的11%。此外，印度2019年的溫室氣體排放量也首次超過歐盟，約占全球總量的6.6%。2021年7月12日發表於「可持續城市新領域」（Frontiers in Sustainable Cities）期刊上的研究指出，全球25個大城市的溫室氣體排放量，超過全球167個抽樣城市排放量的一半以上；這25個大城市中，有22個城市在中國大陸，另有一個城市在臺灣高雄。

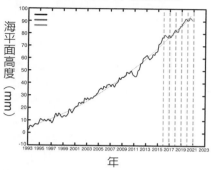

全球平均海平面高度變化

海平面高度（mm）

年

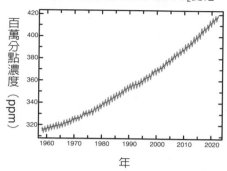

夏威夷島茂那羅亞火山CO_2變化

百萬分點濃度（ppm）

年

左：歐洲太空中心（European Space Agency，ESA）衛星探測全球平均海平面測高圖（1993年1月～2020年10月）。右：夏威夷島茂那羅亞火山上大氣中二氧化碳濃度的變化（1958年3月由C. David Keeling開始觀測）。

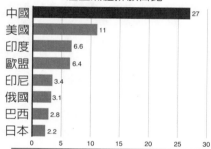

溫室氣體排放占比

國家	占比
中國	27
美國	11
印度	6.6
歐盟	6.4
印尼	3.4
俄國	3.1
巴西	2.8
日本	2.2

左：2019年全球碳排放總量約102.85億噸，中國排放27.77億噸占27%，美國排放14.42億噸，占11%，印度排放7.14億噸占6.6%，中國排放量是所有發達國家的總和（圖／Global Carbon Project 2020）。右：2021年7月，北半球的土耳其、希臘、美國加州、加拿大、西伯利亞同時燒起熊熊大火。北愛爾蘭在5天內兩次打破歷史高溫記錄，熱浪也繼續席捲北美，美國中部各州的溫度飆升至37℃以上。圖為民眾目睹因熱浪高溫而釀成的大火不斷延燒（圖／AP）。

5-10 南北兩極首次同時出現異常高溫，近十年最嚴重沙塵暴襲北京

　　南半球於每年3月開始入秋，但科學家埃雷拉（Maximiliano Herrera）於2022年3月18日指出，在**南極冰穹C**（Dome C）本應在3月開始「入秋」，南極東南部冰原卻於3月17日出現異常的升溫，面積大概是半個澳洲（全球國土面積第6）。在18日於海拔3,489公尺的觀測站沃斯托克（Vostok），監測到－17.7℃的溫度，較過去3月平均氣溫－57.9℃高出40.2℃，並高於3月舊記錄溫度多約15℃，因而創下南極新記錄。南極研究員巴蒂斯塔（Stefano Di Battista）形容「被認為不可能的事已經發生了，南極氣候學將因此被改寫」。

　　至於季節相反的北極此時應處於結冰的高峰期，於2022年3月15日當天即已出現異常暖流，於3月15日開始從北大西洋湧入北冰洋，再結合中緯度的強烈氣旋，使得北極巴倫支海附近出現面積約190萬平方公里的異常升溫區，許多測站的氣溫比往年的月平均值高出了30℃；18日測得比1979～2000年均溫高出3.3℃的溫度，與南極一樣出現破記錄的高溫。

　　3月中旬觀測到人類歷史上首次南北極同時出現異常高溫的現象，雖然異常升溫只維持幾天就消失，但引起這波熱浪的能量實際早已席捲半個地球。異常升溫現象可能與大氣、海洋暖化導致「極地放大效應」有關，高緯度尤其是南北極向來都是暖化的「重災區」，且因此期間極地西風帶出現劇烈震盪，才導致極地異常升溫。

　　極端大氣循環所產生的能量並無法自行消散，只會持續往其他地區掀起異常天氣，雖然這次北極異常升溫沒有造成冰川融化，但受這次北極高溫影響，北極和西伯利亞的冷空氣往南擠壓，導致強烈冷空氣南下，3月23日下午冷空氣造成中國雲南、兩廣、福建與臺灣多處降雨且極速降溫，讓許多地區因而有冬天再來**倒春寒**（Cold Spell in Later Spring）的感覺。2022年3月這波冷空氣到來前，中國整個3月上旬都先急速升溫，然而3月下旬強烈冷空氣南下後，都重新感受到「倒春寒」。河南省豫北、豫西地區更出現沙塵暴PM10嚴重汙染。

　　2022年3月14日蒙古國西南部發生沙塵暴天氣，沙塵隨氣流向南移動，於3月14日傍晚到達蒙古國與內蒙古中西部交界處，能見度低於1,000 m，PM10指數超過500微克／立方公尺。3月15日凌晨，沙塵開始影響京津冀地區，北京PM10指數達到2,153微克／立方公尺，空氣汙染極為嚴重。本次沙塵天氣主要影響新疆、內蒙古、北京及天津等10省，受影響人口約6,417萬人，截至3月15日13時，暴風雪和強沙塵等災害性天氣已造成9人死亡。據北京市生態環境監測中心的資料顯示，北京全市空氣質量陷入嚴重汙染，首要汙染物為PM10，為十年以來最強的一次沙塵暴天氣。

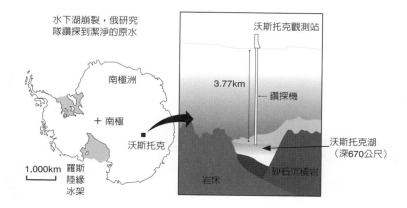

水下湖崩裂，俄研究
隊鑽探到潔淨的原水

沃斯托克湖（Lake Vostok）是南極最大的冰下湖，位於一座俄羅斯觀測站冰層表面下方4公里處，湖水在一百萬年前就被冰雪封住。2022年3月18日於海拔3,489公尺的觀測站沃斯托克，監測到－17.7℃的溫度，較過去3月平均氣溫－57.9℃高出40.2℃，創南極新記錄。科學家認為這是南極州熱浪事件前所未有的（資料來源：哥倫比亞大學LDEO）。

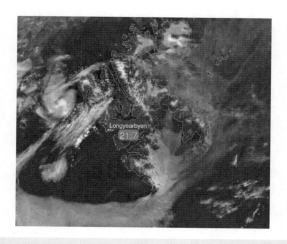

斯瓦巴位在北極地區的群島，橫跨北緯74°至81°間，是挪威最北界的國土範圍，也是全球常駐人口聚居地當中最北的領域，從前曾被當成捕鯨站使用，後來因為煤礦開採漸成聚落。圖為極圈內的最北人類居住地竟測出史上最高氣溫（圖／大世紀2020-08-04）。

第6章
全球暖化顯現氣候災難樣態

6-1 全球氣候大災難窮國富國都遭殃

自人類有文字記載後，天災、人禍、瘟疫及戰亂等奪走大量生命的事件就被寫入歷史，後人得以據此對過去災難導致的死亡人數和造成的破壞加以推算。現在一般都用死亡人數對自然災難排名，隨著社會的發展和科技進步，應對自然災害的能力增強，今天的天災可能死亡人數較低於過去同類的事件，但災難本身的其他指標和造成的經濟損失卻可能遠超過去。

德國智庫看守（Germanwatch）估算過去20年有近50萬人死於與極端天氣事件有關的自然災害。風暴、洪水和熱浪等氣候相關災難引發的死亡人數不斷上升，這些災難將使全球經濟在本世紀損失達2.56兆美元。2018年該智庫發布**全球氣候風險指數**（Global Climate Risk Index），指極端氣候侵襲多數國家，如日本該年經歷雨災、熱浪及25年來最強颱風飛燕（Jebi），導致數百人死亡、數千人無家可歸，全國災損金額超過350億美元。菲律賓北部則於2018年9月遭全球當年最強的5級強颱山竹（Mangkhut）襲擊，造成25萬人流離失所。德國在一場持久熱浪，連續4個月均溫比平常高出近3℃，導致1,250人死亡和50億美元損失。印度該年也遭受高溫摧殘及百餘年來最嚴重洪患，總計災損近380億美元。

2018年的重大天災顯示，即使是全球最先進經濟體，都可能逃不過異常氣候的魔爪，氣候異常和極端高溫發生的頻率及嚴重性確實相關。2003年一場長期熱浪就在西歐各地奪走7萬條人命，死者大多是法國人。不過德國至智庫看守最新報告過去20年來，全球最窮地區受創還是最嚴重，如波多黎各、緬甸和海地受災最深。主要致災原因是海平面上升，使熱帶風暴變得更具破壞力。

英國慈善組織（CAM）指出，2019年全球發生7起造成至少100億美元損失，也是史上第二熱，天災與氣候異常密不可分。英國衛報（Guardian）報導，2019年歷經極端氣候衝擊，從非洲南部到北美洲、澳洲、亞洲及歐洲等洪水與暴風雨在各地造成很大的災難，惟對貧窮國家造成的金融損失，常無法估計。CAM報告也指出2021年中10次最昂貴的氣候大災難，共造成1,700億美元以上的災損，比2020年高出200億美元，總額遽增13%，上升的趨勢明顯反映出全球暖化導致氣候異常的影響，而且這10大災難也造成至少1,075人死亡以及130萬人流離失所。2021年最昂貴的一場災難，為侵襲美國東部並造成約650億美元災損的颶風艾達（Ida）。其次是同年7月發生在德國和比利時的洪災，損失達430億美元；同年7月重創中國河南省的水災估計損失達176億美元。2021年一些具破壞性的極端氣候事件，更重創許多較貧窮國家。保險業龍頭怡安集團（Aon Corporation）也指出，2021年是有史以來第六次天然災損超過1,000億美元的一年，而這六次都是發生在2011年之後，過去五年有四年的災損超過1,000億美元，顯示全球氣候大災難損失愈來愈龐大。

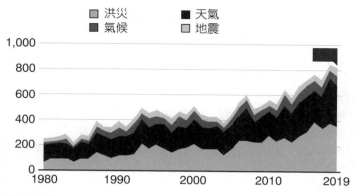

資料來源：Murcich Re

1980～2019年間全球各種自然災害發生次數趨勢圖，依據災害事件四種類別：洪災、天氣、氣候、地震分別統計（圖／staista）。

2021年主要天災與災損

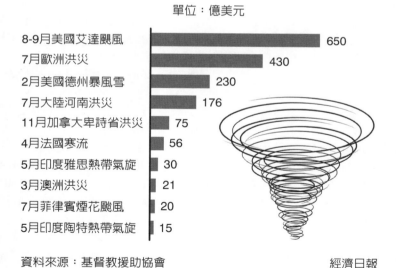

單位：億美元

8-9月美國艾達颶風	650
7月歐洲洪災	430
2月美國德州暴風雪	230
7月大陸河南洪災	176
11月加拿大卑詩省洪災	75
4月法國寒流	56
5月印度雅思熱帶氣旋	30
3月澳洲洪災	21
7月菲律賓煙花颱風	20
5月印度陶特熱帶氣旋	15

資料來源：基督教援助協會　　　　　　　　　經濟日報

英國基督教援助服務（CAM）慈善團體公布2021年十大極端氣候事件，造成最大經損的災害是侵襲美東的颶風艾達（Ida），8月底登陸路易斯安那州，之後北上在紐約市附近地區造成大淹水，紐約市因而發布有史以來首次洪水緊急警報，總計造成約650億美元損失及約95人喪命（圖／英國CAM慈善團體）。

6-2 全球氣候大災難造成嚴重傷亡事件

　　根據法新社（AFP）報導，南亞地區2018年雨季暴風雨累計奪走超過1,200條人命，其中印度南部克勒拉省（Kerala），在6～9月間的雨季，遭遇近百年來最嚴重洪災，罹難人數超過445人。依聯合國災害資料庫（EM-DAT）統計資料，2019年重大天然災害事件計有361件，亞洲最多，其次為非洲，共造成11,719人死亡，經濟總損失達1,218億美元。依死亡人數統計，以洪災最為嚴重，共有5,100人死亡，其次為極端天氣造成2,908人死亡，第三為風暴事件共計2,519人死亡。印度2020年為受災最嚴重的國家，不僅造成2,622人死亡，受影響人數也最多，達3,675萬人。

　　2020及2021年新冠疫情全球大流行，世界各地動盪不安，自然界也一樣不平靜。英國醫學期刊柳葉刀（The Lancet）發布2021年度追蹤健康與氣候變化報告稱，2021年在全球多處出現持續極端高溫天氣，老年人和1歲以下的嬰兒是最容易受到極端高溫天氣影響的群體。僅2019年就大約有35萬人死於與高溫有關的疾病，氣候變化將成為「人類健康的決定性事件」，其帶來的糧食短缺、極端氣候和傳染病暴發等災難，若能有效控制人類產生的溫室氣體排放，甚至可以避免數百萬人不必要的死亡。世衛組織2021年10月發布的一份特別報告中，也稱氣候異常變化是「人類面臨的最大健康威脅」，並警告稱其影響可能比新冠大流行更具災難性和持久性。對於人類來說很少有哪種威脅像氣候變化一樣，其影響將持續幾十年甚至上百年的時間，且沒有辦法快速加以防止。

　　2021年氣候變遷和COVID-19疫情導致貧窮的瓜地馬拉陷入嚴重糧食危機，至少有39名小孩因營養不良喪命，將近1,700萬人口中，16%因營養不良，18%嚴重糧食不足，45%中度糧食不保。根據聯合國資料，瓜地馬拉將近50%的5歲以下小孩，面臨長期營養不良。COVID-19及2020年諸如颶風約塔（Iota）與伊塔（Eta）等氣候變遷現象為導致歷來最大糧食和營養不保危機之一。

　　不斷上升的溫度，加上全球動植物棲息地的破壞，給各種傳染病一個進化和擴張的機會，無法以疫苗或抗生素治療的真菌性疾病可能正在增加。全球變暖會增加真菌生存環境的平均溫度，科學家們認為，這將有利它們更適合入侵人類的內臟或呼吸道。另一方面，最致命的危害來自燃燒化石燃料所產生的$PM_{2.5}$細懸浮微粒（直徑≦2.5微米），根據英國醫學期刊柳葉刀報告，$PM_{2.5}$汙染造成的死亡人數每年接近100萬。聯合國2021年10月20日發布的一份報告，世界許多國家政府仍在計畫增加化石燃料的使用，自疫情暴發以來，20大工業國（G20）集團國家將更多的新資金投向化石燃料，而不是清潔能源，但可再生能源生產和適應舉措的趨勢僅略有改善。包括美國在內的碳排放大國仍繼續以每年數百億美元的速度對化石燃料進行補貼，這將繼續造成全球暖化的危機。

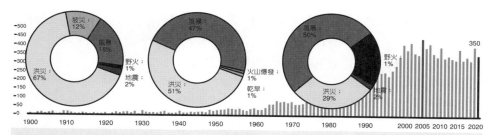

根據EM-DAT蒐整2020年天然災害，共有350筆事件，主要類型為洪災占56%、風暴30%及坡地災害5%，共造成8,274人死亡，影響9,975萬餘人，造成經濟損失708億美元。亞洲災害發生最多154筆，其中洪災占55%與風暴27%；非洲共有76筆，其中83%為洪災，8%為乾旱災害（EM-DAT）。

2000-2019年全球致災類型百分比

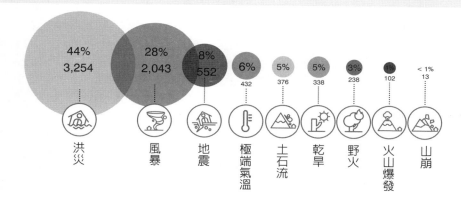

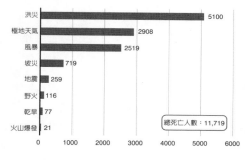

左：2019年全球天然災害死亡人數（圖／EM-DAT）。右：2019年7月印度東北部及東部連日豪雨造成200人以上死亡（照片／AFP）。

6-3 全球高溫嚴重野火事件頻傳

全球暖化導致近年各地嚴重野火事件頻傳整理如下：

1. 澳洲2019～2020年間森林大火燒個沒完，2019年9月開始竄燒**叢林野火**（bushfires），肆虐全國各地森林長達7個多月，澳洲聯邦內政事務部統計至2020年3月，大火燃燒面積達1,710萬公頃，估計有超過10億隻動物命喪火窟，重創澳洲本土獨特的生態系統，造成大量無尾熊死亡。NASA於2021年12月首次觀測到濃煙開始越過太平洋，衛星追蹤了濃煙執行的整個過程，據NASA於2022年1月12日報導，肆虐澳洲的山火所產生的濃煙已經環繞地球整整一週。

2. 美國加州野火年年現蹤，2020年火勢則破該國歷史紀錄，統計燒毀超過 315萬英畝土地，相當於5個大臺北地區面積。大火焚燒長達75日，濃煙與霧霾使該地區天空成橘紅色，彷如末日場景，濃煙更飄至美國東岸與加拿大。計約造成20人以上死亡、約5,000棟建築受損、10萬以上民眾被迫疏散、許多城市進入緊急狀態。2021年12月30日科羅拉多州由強風助長的馬歇爾大火，燒毀至少500間民宅，至少6人受傷送醫及逾3萬居民撤離。

3. 北極是世界上升溫最快的地區之一，其升溫速度是全球平均兩倍以上。聯合國世界氣象組織宣布，2020年6月在俄羅斯上揚斯克鎮測到的38℃是北極圈內創記錄最高溫度，熱浪隨即引發西伯利亞最嚴重大火浩劫，野火焚燒總面積達2,000萬公頃，其中1,100萬公頃為森林。大火將導致更多北極永凍土融化，重擊脆弱的北極生態系統，並且釋放更多溫室氣體，加劇全球氣候異常。

4. 亞馬遜雨林在2019年8月至2020年7月間，偵測大火紀錄增加9.5%，創下12年來最高紀錄。據統計，燃燒熱點不只在雨林地，還有全球生物多樣性最豐富的**稀樹草原**（savannah）以及全球最大濕地**潘塔納爾濕地**（Pantanal）等。大火造成上千物種喪命，重創**亞馬遜生物群系**（Amazon biome），估計2020年大火已釋放8.13噸溫室氣體。據**巴西太空研究中心**（Instituto Nacional de Pesquisas Espaciais, INPE）的資料顯示，2020年1～8月的大火事件，累計超過60,000筆，較2018年多出84%，是巴西雨林最嚴重的一年。

5. 2015～2019年，印尼森林大火共燒毀林地達440萬公頃，棕櫚油及紙漿企業難辭其咎。人為焚燒林地，不但破壞自然生態棲息地，大火造成的有毒煙霧和空氣汙染，嚴重危害印尼與鄰近東南亞國家的人民健康，迫使學校關閉，2019年因為乾旱天候遭逢2015年以來最嚴重森林大火，約160萬公頃土地遭野火焚毀，大多發生在蘇門答臘島及婆羅洲島。森林大火往往是人為引發，以清理土地供農業使用，包括生產棕櫚油及紙漿的種植園。迫使印尼政府必須採取在蘇門答臘島及婆羅洲島其他地區展開人造雨計畫。

左：2020年8月20日，美國加洲的休斯湖附近的叢林和森林被大火吞噬，幾小時內就焚燒了至少1萬英畝的土地，數棟建築遭毀壞（© David McNew / Greenpeace）。右：2020 年夏天西伯利亞的自然環境，遭遇氣候變遷所帶來的嚴重後果：熱浪、永凍土融化造成的石油洩漏，以及嚴重的森林大火（Julia Petrenko / Greenpeace）。

左：2020年8月18日，綠色和平調查團隊空拍記錄亞馬遜大火實況，大片蔥鬱樹林被燒得焦黃，濃煙瀰漫（Christian Braga / Greenpeace）。右：2021年12月30日科羅拉多州由強風助長的馬歇爾大火，燒毀至少500間民宅，圖為隆菲附近石溪村鄰近房屋被野火燒毀（美聯社）。

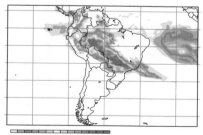

左：澳洲曾擁有800萬隻無尾熊，多到能剝牠們的毛皮來用。但因人類大量砍伐森林及愈來愈嚴重的野火，燒毀無尾熊的棲息地和賴以維生的尤加利樹，使得數量銳減只剩4萬到30萬隻。右：根據歐洲中期天氣預報中心（ECMWF）透過哥白尼監測計畫（CAMS）提供2019年8月20日的煙霧分布資料，顯示煙霧的分布範圍從亞馬遜雨林上空，向西南延伸至聖保羅市。

6-4 劇烈熱帶風暴威力增強

2020年為大西洋颶風數最多的一年，總計30場颶風及熱帶風暴，平2005年記錄。英國慈善組織（Christian Aid）每年都會報告洪水、火災和熱浪等氣候災害損失，2021年全球經濟損失最大的10場氣候災難共損失2,350億元，比2020年上升13%。德國慕尼黑再保險（Munich Re）指出，2021年全球自然災害造成的損失約達2,800億歐元，隨著全球暖化這種趨勢將持續上升。2021年損失最嚴重的三大洪災為：

1. 170年來最強颶風之一艾達（Ida）於2021年8月在路易斯安那州登陸後，造成紐約市和周邊嚴重洪災，財產損失約650億元。艾達是1850年以來襲擊路易斯安那州最強颶風，登陸當天風暴潮和強風在新奧爾良附近阻止密西西比河的流動，實際上導致河水逆流，美國地質調查局稱這種情況極為罕見。

據美國聯邦氣象署的災情資訊：艾達強襲美國東北的24小時內，紐約中央公園觀測站累積183 mm的單日雨量，不僅是1927年設站以來最大，也是前一記錄的2倍。紐約都會區至少奪走45條人命，紐澤西州也有23人罹難；而其他東岸北區，也都有因溫帶氣旋連帶觸發的大量「龍捲風」而傷亡；紐約市豪雨大水更衝入地鐵站，嚴重癱瘓城市交通。

艾達所帶來的短時強降雨雖然非常可觀，但其實在艾達強襲紐約之前，美國東岸已經連續兩周遭遇熱帶風暴佛雷德（Fred）與亨利（Henri）的先後肆虐。16年前同月，2005年8月25日颶風卡特里娜（Katrina）登陸路易斯安那州，奪走1,800多人的生命，並造成超過1,000億美元的財產損失。

2021年12月10日路徑逾350公里龍捲風，侵襲阿肯色、伊利諾、肯塔基、密西西比、密蘇里及田納西等6州部分地區，至少100多人罹難。氣候變遷的影響已難翻轉，威力更強、更具摧毀性和致命的風暴將成地球氣候危機之一。

2. 2021年7月15日開始，暴風雨橫掃西歐部分地區，百年不遇的降雨量在德國至少造成117人死亡，超過1,300人失蹤。德國威斯特法倫州（North Rhine-Westphalia）和普法爾茨州（Rhineland-Palatinate）、比利時和荷蘭的城鎮和村莊被洪水衝刷後，整個社區成為廢墟。比利時則有27人罹難，103人失蹤或失聯。德國2021年7月西部洪災造成的損失估計為400億美元，是迄今德國最昂貴的天然災害。德國慕尼黑再保險報告指出，洪水引發的山洪席捲無數建築，鐵路、道路、橋梁的基礎建設也受到嚴重毀損，超過220人死亡。

3. 2020年7月中國長江流域各地洪水為患，為中共建政以來最嚴重，三峽大壩洩洪淹沒鳳凰古城，造成6,346萬人次受災，經濟損失達1,790億人民幣。2021年7月20日河南省會鄭州市連日暴雨導致該市5公里長的京廣隧道完全被淹沒，鄭州市城管局副書記李平表示，經過抽水搜救，拖出逾200輛汽車。2021年7月中國河南省洪災，造成約244億美元損失。

2021年9月1日開始颶風艾達對紐約、紐澤西引發極嚴重的極端天候災難。以紐約、紐澤西為災情軸心的美國東岸各州，淹水也如同瀑布一樣直接灌入還沒關閉的紐約地鐵站（左圖法新社、右圖／Twitter影片截圖）。

2021年7月16日豪雨過後臨近馬士河的荷蘭林堡省市鎮Roermond附近，變成一片水鄉澤國；在荷蘭羅爾蒙德，鳥瞰被洪水淹沒的Jachthaven Hatenboer露營點。這場洪水是由德國丘陵地區和比利時阿登地區的異常大雨造成，在德國死亡人數超過100人，上千人失蹤（圖／Getty Images 於2021年7月17日）。

2021年7月20日中國河南省會鄭州市連日暴雨導致京廣路隧道連接鄭州南北的交通要道，主線全場約1,800公尺，高約6公尺隧道於幾分鐘內淹沒，鄭州市城管局副書記李平表示，經過抽水搜救，拖出逾200輛汽車。2021年7月中國河南省洪災，造成約244億美元損失（微博圖片）

6-5 劇烈暴風雪襲擊中東及中美各國損失慘重

　　2008年1月及2月間多省發生數十年來最惡劣的暴風雪，依中國民政局統計，從1月10日開始安徽、江西、河南、湖南、湖北、廣西、重慶、四川、貴州、雲南、陝西、甘肅、青海及新疆等14省都發生暴風雪，由於正逢春運期間，大量旅客滯留站場港埠。因電力受損、煤炭運輸受阻，電信、通訊、供水、取暖均受到影響，重災區甚至面臨斷糧危機。而融雪流入海中，對海洋生態亦造成浩劫。農作物受災面積約1.78億畝、倒塌房屋48.5萬間、死者超過24人，受災人口超過1億。森林受損面積近2.79億畝，3萬隻國家重點保護野生動物在雪災中凍死，直接經濟損失1,516.5億人民幣。

　　2021年1月16日黎巴嫩暴風雨，強風達到85～100 km/h，強降雨也造成氣溫驟降並引發降雪，海拔僅400 m的小山都開始下雪。黎巴嫩發生大停電，敘利亞官方媒體阿拉伯敘利亞通訊社（SANA）稱，南部的蘇韋達省積雪高達15 cm，還有不少省份的馬路被大雪阻斷。2022年1月22日沙烏地阿拉伯西部城鎮巴德爾省（Badr province）的沙漠地區，發生強烈的歷史性冬季冰雹天氣現象，可以看到幾匹駱駝在白雪和黃沙之間奔跑的稀有畫面。除巴德爾省外約旦邊境的塔布克（Tabuk）也降下大雪。

　　2021年2月全美從15日開始，受到強烈冷氣團侵襲，許多州紛紛下大雪，有七州宣佈進入緊急狀態，其中又以位在南方的德州，許多電力公司，由於天然氣管路與風力發電機都結凍，完全無法供電，影響美國東岸超過五分之三的燃料供應。德州氣溫降到－18℃，是30年來最低溫。酷寒低溫導致的水管破裂，使得254個郡中有160個面臨停水窘境；此外全美多處大雪以及東南部掀起的龍捲風，更讓covid-19疫苗配送遇到重大阻礙，大雪侵襲加上供電接連遇到問題，造成德州高達500億美元的經濟損失，並衝擊全球能源市場價格。

　　2022年1月土耳其各地遭遇暴風雪侵襲，首都安卡拉、東部大城萬恩（Van）、西北部的包魯（Bolu）、第一大城伊斯坦堡都有數英尺高積雪。據CNN Turk報導，受到惡劣天候條件和大雪影響，伊斯坦堡機場暫停航班起降至2022年1月25日下午1時，這是位在歐洲岸的伊斯坦堡新機場於2019年4月正式營運以來首度關閉。2022年2月3日暴風雪再度侵襲美國，密西根州風雪交加，芝加哥也急凍，各地陸空交通嚴重受阻，民眾出門叫苦連天。中西部這波暴風雪，降雪量創百年記錄，受影響人數高達9,000萬人。

　　直徑超過10厘米的冰雹即被視為巨型冰雹，全球氣候變遷已改變冰雹災害模式，美國德克薩斯州、科羅拉多州和阿拉巴馬州，過去三年冰雹最大記錄被一再打破，目前美國巨型冰雹造成的破壞每年超過100億美元。最近的直徑記錄已達16 mm。2020年利比亞首都黎波里更遭遇直徑約18 mm超級大冰雹的襲擊。

2008年1月27日安徽省合肥市大雪，火車行車時間被打亂，圖為車站外大排長龍等候的旅客（圖／AFP）；2022年1月27日夜合肥再降大雪，最深30厘米。2022年2月7日，安徽省含山縣境內也普降大雪。

左：2021年2月17日美國大雪休士頓的氣溫甚至比靠近北極圈的阿拉斯加還要低，溫度竟跌破－18℃，創1989年以來新記錄，更造成該州400萬戶家庭與企業停電，全國至少5座機場被迫關閉，位在德州的北美最大煉油廠，也無法運作。右：2022年2月3日美國中西部再度遭遇暴風雪，道路積雪嚴重（圖／AP Direct）。

左：2022年1月暴風雪侵襲土耳其各地，安納托利亞中部和東南部交通中斷，歐洲最繁忙機場伊斯坦堡機場被迫暫停航班起降，安卡拉市中心積雪數英尺高，土耳其埃扎諾伊小亞細亞古城雪中反倒顯得更別緻（圖／AFP/Getty Images）。

右：氣候變遷帶來的極端天氣現象日益頻繁，劇烈程度不斷激化，近年來砸落在英美的冰雹尺寸不斷增加，並持續創新記錄，2020年加拿大卡爾加里從天而降的冰雹大如網球，短短20分鐘的超級冰雹釀嚴重災情，砸壞了至少7萬座建築與汽車，並造成約臺幣280億元的財損，2021年7月21日英國萊斯特郡也發生嚴重冰雹災害，在一瞬間高爾夫球大小的冰雹傾盆而下，敲爛建築物也毀壞汽車（圖／美聯社）。

6-6 日本沿海水溫上升襲日颱風增強

2018年燕子颱風（Jebi）侵襲日本，受影響區域包括本州島岐阜縣、愛知縣、京都府、大阪府、兵庫縣、奈良縣和和歌山縣以及四國島的德島縣，香川縣和高知縣，據消防廳統計有13人死亡。燕子颱風帶來的強風，於關西國際機場掀起滔天巨浪，除船隻撞上防坡堤外，停泊在大阪灣的油輪「寶運丸」撞毀關西機場聯絡橋，導致機場唯一聯絡道受阻。西宮沿海一間汽車廠也因電力系統被海水侵入導致大火，燒毀百輛汽車。此外，燕子颱風侵襲期間，適逢大潮，加上颱風造成的暴潮，造成關西機場淹水關閉，並造成數千名旅客受困其中。

2019年10月12日到13日，日本受第19號哈吉貝颱風（Hagibis）侵襲，挾帶大雨及強風，重創日本關東及東北地區，日本長野縣等受災嚴重。據NHK統計，全國至少造成11縣共49人喪生，有14人下落不明，這是日本61年來最強颱風。累積雨量最大的測站位於神奈川縣的箱根測站，72小時累積雨量達1,001.5 mm，其次為靜岡縣的湯島雨量站，測得累積雨量為760 mm，降雨主要發生於10月11日晚上至12日之間。許多測站在1～2天之間測得的降雨量，是整個十月份降雨量的2～3倍。據日本國土交通省資料，颱風登陸導致各地的堤防遭到破壞，許多房屋浸泡在水中，一共有1,605棟建築淹水嚴重，總計3,414房屋遭損害。大雨也波及曾發生311核災的福島縣，當地一座存放2,667個輻射汙染物垃圾的臨時存放所被大雨淹沒，一批垃圾被沖入100公尺外的河流中。

哈吉貝影響深廣原因除地形條件與颱風規模的大小和強度外，加上日本南岸海水溫度高於27℃，較歷年均溫高出1～2℃，讓颱風吸收更豐沛的濕氣，進而增進其破壞能量。哈吉貝為日本帶來慘重災情，沒想到太平洋上又連著兩個颱風，陸續往日本逼近。日本這幾年頻頻有颱風登陸，專家研究發現，日本南方海域海水溫度上升，是最大主因，而且日本外海的珊瑚分布逐漸往北移，恐怕正是海水溫度上升的最好證據。

2021年第14號颱風璨樹（Typhoon Chanthu）掃過臺灣東面後，移到東海海域並增強，之後再朝著南韓、日本撲去，造成南韓多處淹水，再續往日本九州登陸造成多人受傷。而璨樹颱風的行進路線之所以如此奇特，主要是南北高氣壓之間形成了一條「颱風通道」。據韓國媒體報導颱風璨樹掃過南韓南部，濟州島濟州市、西歸浦市等地至少11個地點出現嚴重積水、20個建築物在颱風中遭到破壞、3,064公頃的農田發生嚴重的淹水，多處道路也因此封閉。

璨樹颱風於2021年9月17日傍晚從日本九州登陸，颱風貫穿九州地區，轉向朝日本中部與東部地區移動後逐漸減弱。璨樹颱風的行徑路線之所以如此怪異，主要是受到大陸與太平洋高氣壓影響，在15日之前一直滯留在東海，後來因為大陸與太平洋高氣壓的逐漸減弱，璨樹颱風因此往東前進，也因為2021年的西風帶較過去北移，所以璨樹颱風在西風帶的影響下，沿著太平洋高氣壓邊緣轉向侵襲日本福岡縣，罕見地橫貫九州、四國及本州等地後又從和歌山縣再次登陸，為東日本靠太平洋地區帶來激烈降雨與淹水災害。

左：2018年9月4日燕子颱風上午11時，在日本四國德島縣南部登陸侵襲日強風造成之災害。右：9月4日關西機場淹水情形（圖／CNN）。

左：2019年10月12日到13日，颱風哈吉貝襲日造成56死202傷，河川潰堤如海嘯，重創日本關東及東北地區，日本長野縣等受災嚴重（圖／AP達志影像）。
右：颱風哈吉貝侵襲日本，造成多處地區淹水。圖為長野縣長野市赤沼地區一處商店14日上午仍受淹水影響（圖／共同社）。

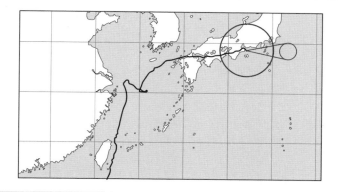

颱風璨樹外圍環流，先在浙江造成災情，多處發生山崩，夾帶大量土石的洪水，灌進民宅，還有多座橋梁也被沖斷；據韓國媒體報導，璨樹於2021年9月17日掃過南韓南部，濟州島濟州市、西歸浦市等地至少11個地點出現嚴重積水、20個建築物在颱風中遭到破壞、3064公頃的農田發生嚴重的淹水跡象。南韓國內航空也因為璨樹颱風的關係全面取消，多處道路也因此封閉。後於2021年9月18日在東海停留數日後轉向侵襲日本，罕見地橫貫九州地方、四國地方及本州島等地，之所以出現這樣的奇特路徑，主因南北高氣壓間形成了一條颱風「通道」（圖／翻攝自日本氣象廳網頁）。

6-7 亞馬遜雨林嚴重被破壞，巴西連年爆發 大規模洪災

巴西國家太空研究院（INPE）指出，從2020年至2021年之間亞馬遜雨林（Amazon Rainforest）的森林砍伐率過去一年內飆升22%，約有13,235平方公里的面積遭到砍伐，是自2006年以來最高的記錄。據英媒《BBC》報導，巴西境內的亞馬遜雨林是約300萬動植物與100萬原住民的家園，更是全球重要的儲碳倉庫，能放慢全球暖化的腳步。巴西政府雖在2021年聯合國氣候峰會（COP26）已簽署，同意至2030年前終結森林砍伐，但還是令人擔憂亞馬遜雨林將繼續遭砍伐。

2019年1月25日一場大雨後，釀成巴西歷史上最大的環境悲劇，布魯馬迪紐（Brumadinho）潰壩事件，淡水河谷公司在巴西米納斯吉拉斯州（Minas Gerais）布魯馬迪紐市的一個礦壩潰壩，礦壩內廢料、泥漿迅速湧出，引發大規模的泥石流，將市行政中心和附近村莊淹沒，同時釋放出一種有毒的紅褐色採礦廢料，大壩周圍的建築物、農田瞬間被超過1,200萬立方公尺的泥漿吞噬。此次事故計造成252萬平方公尺的迪尼奧河和帕拉佩巴河被嚴重汙染，對生態環境造成了不可逆的危害。導致最少270人死亡，涉事的Vale採礦公司同意向受影響社區共賠償70億美元。

2020年1月24日礦壩事故後一年，暴雨洪水再襲巴西造成近50人死亡，數萬人流離失所。這是巴西一個世紀以來最嚴重的降雨，據巴西的《環球》（O Globo）報導，大多數傷亡發生在米納斯吉拉斯州，包括州首府貝洛奧里藏特（Belo Horizonte），一連下超過24小時的豪雨，是自110年前有記錄開始的一次最大的降雨量。米納斯吉拉斯州地方當局說，有37人死亡，另有17,000多人流離失所或從家中撤離，還有25人失蹤。這場致命的洪水正好發生在同樣是在米納斯吉拉斯州的布魯馬迪紐尾礦壩事故的一年後。

2021年12月21日巴西東北部地區因連日降雨導致水壩潰堤，大雨導致伊坦貝市（Itambé）一處大壩在25日潰堤，巴伊亞州韋魯瓜河（Verruga）上游的水壩先是因連日大雨而潰堤，另一座相距100公里遠的水壩則於26日潰堤，大量洪水灌進當地河流並淹進當地多處城鎮，造成至少18人死亡及280多人受傷。

極端氣候現象，持續在全球上演，巴西里約熱內盧一座山城貝德羅保利斯（Petropolis），於2022年2月15日晚間，短短3個小時降雨量就累積258 mm，幾乎是過去一整個月的總降雨量，整座城市瞬間被豪雨吞沒。不僅如此，洪水還將大量土石沿著山坡沖刷而下，摧毀數十棟住家，救難人員從土石堆中拉出遺體，罹難人數達146人，包括26名小孩。放眼望去，大半的城市被埋在黃土堆中；車輛被擠壓變形，橫躺在路邊，讓位於東南部山區的景色秀麗山城貝德羅保利斯的多條街道，頓時變成湍急河流，並在窮困山坡社區引發嚴重土石流災害。15日的暴雨是侵襲巴西一連串暴風雨，專家指這些暴風雨因氣候變遷變得更劇烈。巴西過去3個月內，至少198人因暴雨來襲喪命。諷刺的是巴西總統波索納洛（Jair Bolsonaro），過去消極面對氣候變遷，還放任亞馬遜雨林濫墾濫伐。

左：2019年1月25日於巴西布魯馬迪紐市潰壩事故大壩下游洪水肆虐後的村莊，房屋都已被摧毀，留下一片狼藉的景象。崩塌後大量鐵礦渣，混雜著泥水，約100萬立方米傾瀉而下，大量廢泥漿瞬間淹沒周邊地區，計死亡人數達259人，另有11人失蹤，搜救時間為巴西歷史上最長的一次。右：崩塌後礦渣與泥漿堆積公路情況（圖／紐約時報）。

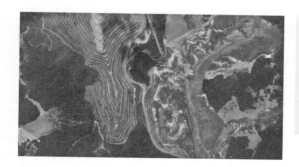

2019年1月位於巴西米納吉拉斯州布魯馬迪紐市的一座礦場的廢料壩堤突然坍塌，廢料和水形成的土石流波及了附近的數百名礦工與居民，死傷相當慘重。 Planet衛星群拍下潰堤的水壩，可以明顯看到土石波及的範圍，彷彿人間煉獄。

巴西從2022一開始，就面臨極端氣候現象，2022年2月15日晚間降下豪雨，短短3個小時雨量就累積258 mm，洪水將大量土石沿著山坡沖刷而下，摧毀數十棟住家，罹難人數達146人，包括26名小孩。諷刺的是巴西總統波索納洛，過去消極面對氣候變遷，還放任亞馬遜雨林濫墾濫伐。從2020年至2021年之間亞馬遜雨林的森林砍伐率過去一年內飆升22%，約有1萬3235平方公里的面積遭到砍伐，是自2006年以來最高記錄。

6-8 氣候危機不放過溫室氣體排放量極少非洲國家

　　一般對於非洲的印象是氣候乾燥，除了剛果盆地的熱帶雨林以外，大部分地區都是乾燥少雨的莽原和沙漠，薩哈拉沙漠就是地球上沙漠的代名詞，範圍覆蓋了北非、東非、西非和中非十多個國家，總面積比美國50州加起來還要大。非洲國家排放的溫室氣體是世界上最少的，但一片無垠的荒漠中，異常氣候照樣創下數年毫無任何降雨的極乾旱與洪災。

　　2019年洪災毀掉非洲地區不少農作物，接著蝗災致使情況更加嚴重。2020年2月東非地區面臨25年來最嚴重的蝗蟲災害，超過3,600億隻蝗蟲席捲索馬利亞、肯亞及衣索比亞。蝗災破壞非洲地區數萬公頃農田，是肯亞70年、衣索比亞及索馬利亞25年來最嚴重的蝗災。西非獅子山一年要在氣候適應方面支出多達9千萬美元、相當於經濟產出的2.3%，即使獅子山公民平均的碳排放要比美國居民少了80倍。

　　東北非蘇丹共和國，一直為豪雨和暴洪所苦，2020年9月全球關注基金會（Concern Worldwide）指出，蘇丹與鄰國衣索比亞遭受季風大雨狂襲，世界第一長的尼羅河水位暴漲17.5公尺，創下百年來新記錄，讓蘇丹幾乎全國滅頂，至少100人以上喪生，65萬人無家可歸。

　　2022年2月非洲之角（Horn of Africa）遭遇大旱，2,600萬民眾缺水缺糧，動物生存亦受影響，經歷自1981年以來最嚴重的乾旱，1,300萬人面臨嚴重飢餓，西非薩赫勒地區的幾個國家也出現類似情況。連續3個雨季降雨不足，導致農作物大量減產，牲畜大量死亡。水和牧場的短缺迫使人們離開家園，並導致社區之間的衝突加劇。

　　西非塞內加爾為了對抗氣候變遷，因此發起開墾計畫，在乾旱地區建構圓形花圃，要讓環境綠化並提升糧食來源。而這也是非洲的綠色長城計畫一環，希望能橫跨非洲大陸，種植8,000 km的樹林，築成圓形花圃，目的是模仿自然生態體系，讓不同植物彼此相鄰生長。目前已築起數十個圓形花圃，不但有助綠化，還能增加當地居民的糧食來源、改善生計。為了應對氣候變遷，改善土壤退化，非洲聯盟2007年發起這項計畫，打算從西部塞內加爾，往東延伸到吉布地，橫跨11國，種植8,000 km的樹林，同時創造1,000萬個綠色就業機會。雖然雄心勃勃，但計畫啟動10多年，才達成4%。如果要在原定2030年，達成恢復1億公頃退化土地的目標，得投入430億美元的資金才有可能。

　　據2022年2月26日氣候與能源智庫非洲電力變革（Power Shift Africa）指出，儘管非洲國家排放的溫室氣體是世界上最少，但卻不得不花費高達年度經濟生產額的5%，來保護自己免受氣候變遷影響。

左：2011年8月15日大批非洲兒童排隊等待領取救援糧食（路透社）。右：2020年全球暖化造成原本長達6個月的雨季縮短，僅剩不到3個月的時間（photo／英語島）。

塞內加爾的神祕圓形農田，是對付沙漠化威脅的「綠色長城」（圖／Reuters），這個構想代表一種新的、更具地方色彩的模式，為2007年發起的綠牆計畫（Green Wall initiative），旨在通過種植一條8,000公里長的線路，從塞內加爾一路延伸到吉布地，以緩衝薩赫爾地區的沙漠化速度。

2020全球天災人禍不斷，全球關注基金會（Concern Worldwide）稱蘇丹與鄰國衣索比亞遭受季風大雨狂襲，世界最長的尼羅河水位暴漲17.5公尺，創百年新高記錄，並使蘇丹18州中有17州幾乎被洪水淹沒，幾乎全國滅頂，至少100人喪生，65萬人無家可歸（照片／氣候行動網CAN推特）。據氣候與能源智庫非洲電力變革（Power Shift Africa）指出，儘管非洲國家排放的溫室氣體是世界上最少，但卻不得不花費高達年度經濟生產額的5%，來保護自己免受氣候變遷影響，迫使國家原已捉襟見肘的資源，轉移到氣候的自我防衛上。

6-9 暖化危機逼近國門，氣候天災成家常便飯

全球暖化造成氣候災難，對臺灣的影響也是愈來愈加劇，從數據發現1911～2020年，這110年間臺灣年平均氣溫上升約1.6℃，已超越全球平均增溫的1.07℃，夏天一年比一年熱，2020年6月臺北甚至出現38.9℃極端高溫。國家災防中心預估，未來20～40年間，臺北平均每5年，就會出現一次40℃；且臺北、臺中、高雄等3大都會區，可能成為全臺灣最熱的3個都市。除了增溫外21世紀中旬，年均最大1日暴雨強度增加幅度將約為20%，而一年最大連續不降雨天數，平均增加幅度約為5.5%，夏季長度已逐漸增為120～150天，冬季則縮短約為20～40天。臺灣熱傷害情況將加劇，而減少濕冷冬天並非好事，年均溫升高，冬季農作物難以生長，民生用電、用水也都將出現災難。全球溫度上升已經敲響警鐘，影響人類生活的範圍，可能超乎你我想像，全球暖化沒有人是局外人。

據中央氣象局資料，2009年8月8日太平洋第11個颱風莫拉克（Morakot），於8月7日深夜登陸花蓮，本想藉颱風帶來的雨水解旱，卻迎來一場最慘水災，造成的損失，超過1959年的八七水災，與九二一地震同為臺灣天災之最；莫拉克颱風慢速通過臺灣，雨勢在中南部頻頻破紀錄，阿里山更是降下駭人的3,060 mm；八八水災造成681人死亡18人失蹤，高雄甲仙的小林村，從8月8日下午至9日清晨，不斷受到土石洪流、走山的衝擊，一夜之間，小林村遭到滅村的大難，近500村民被活埋，天地同悲。八八水災至今仍是近50年來臺灣最嚴重的水患。因菲律賓、中國也受到肆虐，世界氣象組織乃決議將Morakot從熱帶氣旋名單中除名。

2015年8月8日4時40分蘇迪勒颱風（Soudelor）中心由花蓮秀林鄉登陸，11時在雲林縣臺西鄉出海。蘇迪勒颱風造成宜蘭得子溪口、宜蘭河、冬山河等多處淹水以及大臺北地區等多處災害損失，主要分佈在烏來、新店等地區，當時福山雨量站所測得3小時253 mm及6小時442mm的強降雨，導致原水濁度升高影響供水及各項災情產生。此外蘇迪勒颱風陣風達12 級以上，造成全臺約450萬戶停電，為近年停電戶數最多之記錄，臺北市路樹傾倒高達7,000 餘棵，全臺死亡8人、失蹤4人、受傷437人，損失總計22億8千萬元。

2020年臺灣創下56年來首度颱風季沒有颱風登陸的紀錄，使臺灣面臨半世紀以來最嚴重乾旱，直接被強迫停灌的農作面積高達7.4萬公頃，破史上記錄，乾旱造成農損超過4.6億元。導致2021年也遭遇嚴重缺水，有史以來並第一次在夏季豐水期就進行人工增雨。臺灣歷史上幾次乾旱的成因，多半是因為氣候異常造成中南部枯水期長，加上沒有春雨、梅雨及颱風帶來的大量降水所造成。

全球暖化造成之氣候災難，已愈來愈明顯加劇與頻繁，隨時衝擊全球各地，臺灣亦無法倖免，暖化危機逼近國門，異常劇烈氣候天災已成家常便飯。

2009年8月8日颱風莫拉克讓臺灣在24小時內從7年來最嚴重的乾旱危機，掉進另外一個50年來最嚴重的水患危機。圖：金帥飯店倒塌的畫面（STR/AFP via Getty Images）。

左：2021年臺灣前半年乾旱嚴重，日月潭底整片土地龜裂，昔日泳渡競賽似可改為路跑（2021年4月）。右：2021年上半年臺灣乾旱，可能與2020年的7個颱風（黃蜂、鸚鵡、辛樂克、哈格比、薔蜜、米克拉以及無花果），恰巧都只經過臺灣海域沒有登陸，氣象局解釋與兩因素可能有關：1.颱風本身強度不夠，氣流會進行繞地形運動，所以颱風接近時會被氣流帶走。2.臺灣2020年大部分時間都是被高壓籠罩，颱風幾乎沿著高壓邊緣移動，或多或少有點影響，但全然用高壓或是氣流來解釋，還是有點牽強，或許與全球氣候異常較有關。

日月潭「九蛙」為全臺最紅水位指標（左圖），2021年日月潭水乾固水蛙整個露出（右圖）。

6-10 全球暖化無可避免多重複合型氣候災難，宜建立有效調適策略

　　2022年2月28日，集結全球頂尖氣候科學家的「聯合國政府間氣候變遷專門委員會（IPCC）」發布第六次評估報告（AR6）的第二部分，報告聚焦於全球面對氣候變遷的影響、適應和脆弱性，指過去10年氣候高度脆弱的地區因洪水、乾旱和風暴所造成的死亡人數，比氣候脆弱度低的地區高15倍。同時強調保護和恢復生態系統，將有助於強化人類社會對氣候風險的調適、復原並降低脆弱度。AR6氣候變遷《衝擊、調適與脆弱度》報告，警告若地球升溫達1.5℃，多重氣候災害將無可避免，淹水、枯旱也是連帶產生的衝擊。由於複合式的環境災難頻繁發生、調適策略不足與社會結構缺漏，使氣候變遷的影響和風險變得越來越複雜，將導致新衝擊與風險。

　　氣候變遷毫無疑問已破壞人類及自然系統，過去排放、發展及氣候變遷並未促進全球氣候韌性發展。未來10年採取的選擇及行動將決定中長程實現氣候韌性發展程度。如全球暖化於短期超過工業化前1.5℃，氣候韌性發展將更受限制，但仍可透過妥適正確的人力、科技資源及財務金融等予以協助改善。

　　臺灣地理環境特殊受極端氣候衝擊愈來愈更加嚴重，高風險包括：1.位於西太平洋颱風區，颱風災害頻繁。2.地處環太平洋地震帶，地震發生多。颱風常帶來一系列**複合型災害**（complex disasters），如土石流、山洪爆發及暴潮等。2009年的莫拉克颱風，單日最大降雨量及連續二日最大降雨量均創下記錄，它不僅帶來風雨，更造成土石鬆軟、山洪爆發，導致高雄小林村滅村事件，雖只是中度颱風，所造成的損失卻是數十年來強烈颱風無一能及的，因而提升對複合性災害的意識。全球暖化已造成氣候更加劇烈與不確定性，臺灣必須面對如颱風、地震、乾旱及寒害等帶來的複合型災害常態化，面對未知的災害，2000年7月19日內政部爲依災害防救法設置緊急應變小組，處理災害防救事宜或配合各級災害應變中心執行災害等應變措施，2011年8月17日國家實驗研究院成立**臺灣颱風洪水研究中心**（Taiwan Typhoon and Flood Research Institute，TTFRI），研究颱風及洪水等，但教育與社會機構對全球暖化與環境永續發展基本理念教育，仍嫌不足。

　　據IPCC AR6之升溫2℃情境模擬結果，將導致臺灣周邊海平面上升0.5公尺，若升溫4℃情境下，將導致海平面上升1.2公尺。西南沿海以臺南地區爲例，溢淹較深區域以沿海養殖魚塭、濕地及沙洲較爲顯著，因此也應建立前瞻性防範措施。2019年臺積公司導入複合型災害應變及危機處理系統，建立複合型災害應變處理系統，乃跳脫舊有思維模式，卻可作爲借鏡。

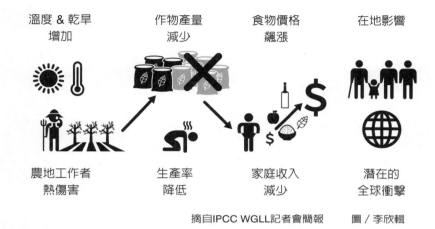

溫度 & 乾旱
增加

作物產量
減少

食物價格
飆漲

在地影響

農地工作者
熱傷害

生產率
降低

家庭收入
減少

潛在的
全球衝擊

摘自IPCC WGLL記者會簡報　　圖／李欣輯

《衝擊、調適與脆弱度》報告重點；(1)氣候危機將變得更頻繁、更劇烈；(2)人類並未做好應對氣候衝擊的準備；(3)將升溫限制在1.5℃可大幅減少損失和傷害；(4)保護至少30%自然環境，提升氣候韌性；(5)未來10年是確保能否實踐永續未來的關鍵。《衝擊、調適與脆弱度》報告記者會簡報（圖／李欣輯）。

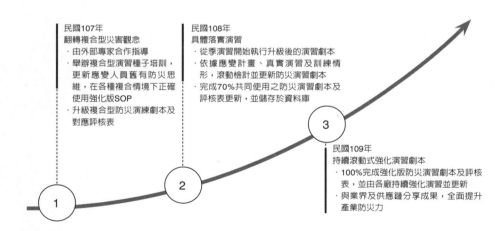

民國107年
翻轉複合型災害觀念
· 由外部專家合作指導
· 舉辦複合型演習種子培訓，更新應變人員舊有防災思維，在各種複合情境下正確使用強化版SOP
· 升級複合型防災演練劇本及對應評核表

民國108年
具體落實演習
· 從季演習開始執行升級後的演習劇本
· 依據應變計畫、真實演習及訓練情形，滾動檢討並更新防災演習劇本
· 完成70%共同使用之防災演習劇本及評核表更新，並儲存於資料庫

民國109年
持續滾動式強化演習劇本
· 100%完成強化版防災演習劇本及評核表，並由各廠持續強化演習並更新
· 與業界及供應鏈分享成果，全面提升產業防災力

臺積公司建立複合型災害應變處理系統，跳脫舊有災害應變機制與演習習慣的思維模式，透過專家協助設定「複合型防災演習劇本」與對應之「評核表」，協助相關緊急應變組織人員進行有目標、測試範疇明確的演習，並不斷滾動檢討並改良最適合臺積公司營運模式需求的劇本與評核表，建立依情境分類歸檔的劇本資料庫，提供各廠負責緊急應變的同仁共享存取，提升防災演習的學習效率（圖／臺積公司複合性災害演習強化進程）。

第7章
全球暖化與氣候變遷危機之可能轉機

7-1 第26屆聯合國氣候協會中各國達成重要承諾

　　因Covid-19疫情嚴重延後一年召開第26屆聯合國氣候變遷大會（COP26），於2021年11月1～12日在蘇格蘭格拉斯哥舉行，會議中共合併3個國際公約締約國會議，包括：1.聯合國氣候變遷綱要公約第26次締約國會議、2.京都議定書第16次締約國會議（CMP16）及3.巴黎協定第3次締約國會議（CMA3）。會議通過格拉斯哥氣候協議（The Glasgow Climate Pact），同意加速氣候行動，最終完成巴黎規則手冊（Paris Rule book），全球暖化危機終於露出轉機署光。

　　格拉斯哥氣候協議是2015年巴黎氣候協定後最重要的首次評量，此次會議以守住升溫臨界值1.5℃爲目標，格拉斯哥氣候公約承認需要在這10年內大幅減少碳排，各政府的氣候目標與行動目前仍遠不足以將全球升溫控制在1.5℃以下，世界領導人需要在2022年的COP27氣候大會具體說明他們將減排多少、在何時開始減少排放，而符合正義的能源轉型更是至關重要。這個更嚴格的最後期限將給各國施加壓力，也更符合氣候危機的迫切性。各國簽署重要承諾如下：

- **全球甲烷承諾**：經美國與歐盟聯手倡議，105個國家簽署承諾，宣示未來10年要減少30%的甲烷排放量，但很遺憾，全球十大排放國中，中國、俄羅斯、印度與伊朗並未加入，畜牧業及產煤大國澳洲也未加入。
- **淨零金融聯盟**：代表450家金融機構、130兆美元資產的格拉斯哥淨零金融聯盟（Glasgow Financial Alliance for Net Zero, GFANZ）簽署協助朝向全球淨零排放發展的永續金融原則。但其中並不包含結束化石燃料投資，或將資金轉向氣候解決方案，也並未排除碳抵換機制，因此存在漏洞。
- **森林與土地利用宣言**：全球超過100位領袖共同承諾，將在2030年前終止森林濫伐與土地流失等問題，並籌集近5.2兆臺幣公私資金處理相關議題。目前全球有23%的碳排放源於砍伐樹林、工業化農耕等土地使用活動，保護森林和終止破壞土地使用對減緩全球暖化而言極爲重要。
- **格拉斯哥突破倡議**（Glasgow Breakthroughs）：超過40國家簽署倡議，同意優先針對鋼鐵、道路運輸、農業、氫能和電力5大行業，協調和制定全球標準和政策，促進產能上升、價格下降，力圖在2030年讓綠能成爲可負擔、易取得和具吸引力的選擇，簽署國涵蓋全球70%以上的經濟體。
- **著眼2030中期減排目標**：2050淨零碳排已是全球共識，來自153個國家減排目標（NDCs）以及未來加強減緩措施。全球GDP的90%現在都有淨零承諾了，153個國家提出新的2030年NDCs。各政府與產業著重規劃未來10年，即2030爲目標的諸多減碳工作，如：巴西及南韓分別將2030減排目標提升至50%及40%。

格拉斯哥領袖森林與土地利用宣言：全球超過100位領袖共同承諾，將在2030年前終止森林濫伐與土地流失等問題，並籌集約5.2兆臺幣公私資金處理相關議題。全球目前有23%的碳排放源於砍伐樹林、工業化農耕等土地使用活動，因此保護森林和終止破壞性的土地使用行為對減緩氣候變遷而言極為重要，右圖亞馬遜雨林濫伐情況未見改善，地球之肺仍在燃燒。

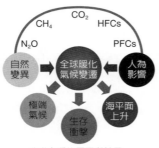

造成全暖的原因與結果

全球著眼2030中期減排目標，2050淨零碳排已是全球共識，COP26全球甲烷承諾：105個國家簽署承諾，宣示未來10年要減少30%的甲烷排放量，以減緩氣候危機。右圖：畜牧業是導致甲烷排放增加的一個原因（圖：Lou Benoist / AFP / Getty）。

自從商業石油鑽探出現以來，人類已經開採超過1,350億噸的原油為我們的汽車、發電站提供燃料和為房屋供暖。運輸主要包括公路、鐵路、航空和海運，占據2016年總二氧化碳排放的24%，甚至預期會比其他產業成長更快。2017年世界各國共排放45,261.2516萬噸溫室氣體，人類數十年來大量使用煤炭、石油等化石燃料，排放溫室氣體進入大氣，造成全球暖化甚至全球熱化的氣候危機。格拉斯哥突破倡議，超過40國家領袖，涵蓋全球70%以上的經濟體，簽署同意優先針對鋼鐵、道路運輸、農業、氫能和電力5大行業，協調和制定全球標準和政策，促進產能上升、價格下降。能源行業正面臨數十年的轉型，這關係到政治、經濟、社會等方面的重大問題。

7-2 企業領袖承諾

　　將全球氣溫增幅控制在比工業化前高1.5℃的目標仍有機會實現，但這扇窗正迅速關閉中。美國NOAA宣布2021年7月是地球有記錄以來最熱的月份。COP26格拉斯哥突破議程（Glasgow Breakthroughs Agenda）將加速政府、企業和民間社會之間的合作，其中以能源、電動汽車、航運和大宗商品領域的合作理事會和對話將有助於兌現承諾。

　　即使在COP26期間及之前不斷採取許多行動，唯世界各類群體仍感受到地球大氣不斷暖化的影響，人類必須共同持續推動COP26承諾的工作，尤其重要企業領袖簽署承諾將有利於全球暖化危機之轉機，企業領袖簽署承諾包括：

　　1. 零碳車承諾：包括福特汽車、通用汽車、捷豹路虎、賓士、富豪汽車在內的11家汽車製造商，承諾在2035年前，主要市場全部銷售零碳新車，意味著在未來電動車將成為主流。如果我們的經濟模式停留在過去，依賴燃油汽車和卡車，我們將無法實現保持1.5度的目標。馬斯克被稱為真實版鋼鐵人，是因為他總能挑戰產業現有認知，現在他集中心力在特斯拉電動車與 SpaceX 火箭上，如果有人也能夠像他一樣翻轉碳捕捉和封存的技術，他絕對不會吝嗇給予獎賞。

　　2. 綠色航運承諾：200家企業承諾在2030年前實現零碳船舶和燃料的規模化和商業化，另有22國簽署克萊德班克宣言（Clydebank Declaration），計畫在2025年前成立6條綠色航線，航行在此航線的船隻須使用低碳或零碳燃料，路線將橫跨亞洲到美國，沙烏地阿拉伯到中國與印度，並希望2030年後增加航線。

　　3. 企業領袖提出改造與融資承諾：亞馬遜創辦人承諾以貝佐斯地球基金（Bezos Earth Fund）名義捐出20億美元，用於恢復自然、改造糧食系統。

　　4. 比爾蓋茲與歐盟委員會、歐洲投資銀行目標籌集10億美元，提供氫能、航空、能源儲存和碳補獲等創新科技發展融資。Global Energy Ventures（GEV）近期披露研發新壓縮氫氣運輸船設計細節。氫是一種清潔燃料，可以經由使用太陽能、風能和水電等可再生能源。然後將這些氫運輸到工業設施中，成為提供零碳排的綠色能源。碳捕捉科技就是把工廠等碳排放來源釋放到大氣中的碳，收集起來存在某種容器內，通常合稱為**碳捕捉與封存**（Carbon Capture and Storage, CCS）。

　　5. 企業承諾追求自然增值：森林是地球上的天然**碳匯**（carbon sink），是儲存二氧化碳的天然或人工「倉庫」，95家企業承諾追求自然增值，追求自然增值在2030年前停止和扭轉自然衰退。

左：挪威致力節能減碳，目標2025新車零碳排。右：展現2040碳中和決心VOLVO與瑞典SSAB鋼鐵製作商合作，成為首家運用零化石煉鋼製程打造車體鋼材的汽車。包括福特汽車、通用汽車、捷豹路虎、賓士、富豪汽車在內的11家汽車製造商，承諾在2035年前，主要市場全部銷售零碳新車，意味著在未來電動車將成為主流。

Global Energy Ventures（GEV）近期披露研發新壓縮氫氣運輸船的設計細節。氫是一種清潔燃料，可以經由多種方式生產，包括使用太陽能、風能和水電等可再生能源。然後將這些氫運輸到工業設施中，成為提供零碳排的綠色能源。微軟創辦人比爾蓋茲與歐盟委員會、歐洲投資銀行目標籌集10億美元，提供氫能、航空、能源儲存和碳補獲等創新科技發展融資。

7-3 中國推動雙碳目標節能，我國研發新科技減碳

　　極端氣候頻繁，溫室效應成為全球關切議題，減少碳排並提升能源使用效率是世界各國努力的方向。據美國全球氣候變化網，全球每年燒掉約85億噸煤，中國、美國和印度共占使用量的70%。國際能源總署於2021年5月發表「2050淨零：全球能源部門路徑圖」後，國際間相繼制定淨零路徑圖。

　　中國國家主席習近平在2020年第75屆聯合國大會表示，將在2060年之前達到碳中和，並確保其溫室氣體排放在2030年達到峰值。2022年1月24日中國國家氣候變化專家委員會名譽主任杜祥琬表示，雙碳（碳中和，碳達峰）將引領中國實施低碳轉型，預計在2060年非化石能源消費比重達80%以上實現碳中和。中國在2021《十四五規劃及2035年遠景目標綱要》提到實施以碳強度控制為主，碳排放總量控制為輔的制度。中國經濟發展主要靠煤炭與石油，如今定下雙碳時間表，未來將提出哪些具體政策與落實？值得拭目以待。2021年12月阿里巴巴集團宣佈2030年之前實現溫室氣體排放量降為零的「碳中和」，阿里響應中國政府淨零排放提出自身的目標。

　　工研院在2021年5月23日「2030技術策略與藍圖」的永續環境中，針對減碳提出鈣迴路及二氧化碳捕獲再利用技術，為水泥廠、石化業、鋼鐵業、電業等產業提供減碳解方，並與臺泥公司合作研發鈣迴路二氧化碳捕獲技術，在臺泥和平廠建造全球領先的鈣迴路捕獲二氧化碳試驗廠。以水泥原料為吸收劑，吸收水泥製程排放的二氧化碳，形成捕捉與釋放迴圈，二氧化碳純度可達99.9%。工研院與臺泥正攜手規劃10百萬瓦的新世代鈣迴路示範廠，估計一年可捕獲5.5萬噸二氧化碳，可轉提供國內石化業、鋼鐵業及電業等產業降低碳排放。

　　2021年10月30日歷時16年規劃興建的臺澎海陸電纜，歷經各種困難，終於合聯成功，併入臺灣本島電網運轉，雙向輸送電力，可提高澎湖地區供電穩定性，也是綠能發展的重大指標。海陸纜全長67.9公里，其中8.8公里的陸纜銜接雲林縣既有的161kV，降低澎湖地區使用重油發電，並將充沛綠能回輸臺灣，雙向輸送電力，打造澎湖成為美麗低碳島。

　　國發會2022年3月31日公布「臺灣2050淨零排放路徑及策略總說明」，訂定至2040年新售小客車、機車將100%電動化；至2050年再生能源配比超過6成，再搭配氫能、使用碳捕捉技術的火力發電，可達整體電力供應的去碳化，對進口能源的依賴可由97.4%，降至2050年50%以下。

　　由能源局與工研院開發「穿隧氧化鈍化接觸太陽電池」，光電轉換效率比目前鈍化射極和背面型高效率電池多1%至2%，能節省10%以上太陽能電廠用地面積；且因其電池的元件特性，適合臺灣的氣候環境，已與茂迪合作於沙崙綠能科技示範場域進行測試驗證，初估20百萬瓦之電池及模組每年產值可達3億元。目前政府以「風光雙箭並行」策略，規劃2025再生能源發電占比達20%目標。

根據美國政府全球氣候變化網表示，全球每年燒掉約85億噸煤，其中中國、美國和印度共佔全球煤使用量的70%。（左：發新社資料圖片）；減少碳排放是國際共有的目標。太陽能、風能等再生能源雖然零碳排放，但其不穩定性是致命缺點（右：Getty Images圖片）。

中國近年能源消費占比

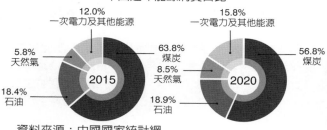

12.0%
一次電力及其他能源

5.8%
天然氣

18.4%
石油

63.8%
煤炭

8.5%
天然氣

18.9%
石油

2015

15.8%
一次電力及其他能源

56.8%
煤炭

2020

資料來源：中國國家統計網

左：中國經濟發展主要靠煤炭與石油，如今已定下雙碳時間表，未來將提出哪些具體政策與落實標準？值得大家拭目以待。右：中國落實「雙碳」目標將打擊傳統經濟體系，但亦催生綠色經濟發展，如新能源汽車等（中新社資料圖片）。

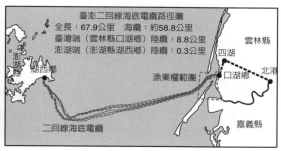

臺澎二回線海底電纜路徑圖
全長：67.9公里　海纜：約58.8公里
臺灣端（雲林縣口湖鄉）陸纜：8.8公里
澎湖端（澎湖縣湖西鄉）陸纜：0.3公里

雲林縣

四湖

北港

漁業權範圍

口湖鄉

嘉義縣

二回線海底電纜

左：臺泥花蓮和平廠利用微藻進行碳捕捉以達成生態減碳（攝影／工商時報鄭超文）。右：臺澎二回線海底電纜路徑圖，電纜於2021年10月終於合聯成功，併入臺灣本島電網運轉，雙向輸送電力，可提高澎湖地區供電穩定性，也是綠能發展的重大指標。海陸纜全長67.9公里，其中8.8公里的陸纜銜接雲林縣既有的161 kV，降低澎湖地區使用重油發電，並將充沛綠能回輸臺灣，雙向輸送電力，打造澎湖成為美麗低碳島（圖／臺電）。

7-4 世界各國相繼堆動碳價制度

　　要徹底了解溫室體排放，建議從探討碳足跡（Carbon Footprint）或稱產品碳足跡開始，碳足跡指一項活動或產品的整個生命週期中，直接與間接產生的溫室氣體排放量。也就是從一個產品的原物料開採與製造、組裝、運輸一直到使用及廢棄處理或回收時所產生的溫室氣體排放量，都要列入碳足跡計算。產品的製程中，資源與能源消耗大，碳足跡高。例如，電動車在上路時雖然不會產生碳排放，但從製造、組裝、運送的過程，到其使用的電力發電過程中，都會排放溫室氣體，因此電動車並非零碳足跡。然而電動車的碳足跡仍遠小於燃油車，尤其若使用綠能驅動則碳足跡更小。

　　受極端氣候事件之影響，因此已有許多企業在策略與決策訂定時，將「氣候風險」納為評估項目，而衍生之「碳風險」，也日漸受到企業的重視與關注。「碳風險」意指企業在全球環境保護意識日益高漲，可能面臨更加積極的政府管理措施，包括碳價抬升、碳排放衡量方式或排碳量管控機制改變等，皆可能對企業營運造成影響，促使企業必須對碳排衍生之風險作出應對策略，進而興起企業「碳定價內部化」之趨勢。

　　世界永續發展商業理事會（WBCSD）表示，唯有提早制定碳價政策，才能化氣候變遷衝擊為轉機。永續發展投資是指將環境、社會和企業治理（Environmental、Social和Governance, ESG）因素融入投資決策，而ESG因素可以評估公司永續性的一種方式。全球前500大企業正流行在公司內部應用「碳定價」工具，幫助企業各部門減少碳排。

　　COP26指全球增溫限制在1.5℃需要在土地、能源、工業及建築物等各方面進行快速且深遠的改變。同時也指出至2030年，全球碳排放量必須比2010年減少約45%，而2050年更必須達到淨零目標。碳定價是最低成本途徑同時能達減排目標，碳定價策略讓企業在壓低成本時，同時思考如何在製程就減少碳排量。

　　COP26會議後必需解決「巴黎協定規則手冊」中許多細節，以促進資本流向低排碳技術，其中最關鍵的是關於碳定價的全球策略，必須建立汙染者付費機制。世界銀行於2021年碳價趨勢報告，整理全球現在進行中的碳定價制度，包含碳稅、碳排放交易系統與碳權機制，現多國政府已開始推動各自的碳定價政策。

　　目前包括中國在內40多個國家已各自建立碳定價機制，而歐盟正在擴大其碳排放交易機制，以涵蓋更多產業。2020年開始世人對淨零排放的意識逐漸提升，出現越來越多為達成目的新組織如「Race to Zero」計畫和「Climate Ambition Alliance」等。迄至2020年12月，全球已有127個國家、823個城市及1,541家企業承諾要在2050年前完成脫碳。據世界銀行統計，全球2021年有64個碳定價機制，總共管制全球21.5%的溫室氣體排放量，與2020年的15.1%相比成長不少。

碳足跡：假設我們從臺北開車到高雄，需要讓汽車加滿汽油。汽車燃燒汽油除了產生動力外，也產生二氧化碳。然而並非使用汽油當下才產生二氧化碳，從原油提煉汽油的生產過程也都會產生排放。在開採石油階段，運轉開採機器需使用能源也會產生二氧化碳。開採石油後透過油輪運輸到臺灣煉油廠，油輪運輸與汽油煉製過程都會使用化石能源。因此汽油從開採、運輸到最終煉製過程皆使用化石能源，以目前技術仍無法避免二氧化碳排放。碳足跡是在計算整個產品從生產到最終使用所排放碳總量。

每種食物對氣候有不同程度的影響，但位居碳足跡榜首的是牛肉

每一份食物的碳排放（單位：千克）

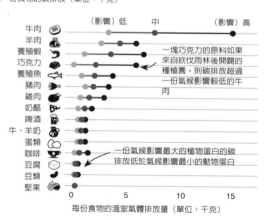

來源：Poore & Nemecek (2018), Science（《科學》雜誌）

根據美國洲際交易所集團（Intercontinental Exchange, ICE）資料顯示，2017至2020年期間，歐洲、北美碳權市場的參與者成長了85%。而ICE歐洲碳權期貨2021年6月3日終場收在每噸50.29歐元（60.35美元）。業界並且預期，碳權期貨報價將上看每噸100歐元（約120美元）。企業勢必要提早因應，鑑別碳風險。最明智的公司注意到「碳風險」，而它們為了在減碳世界中獲得成功，採取的流程如下：衡量公司直接和間接的碳排放、確定目前外界的碳定價、預測未來的碳定價、決定公司內部碳定價應涵蓋的未來時段，以及考慮減少排放目標。

7-5 非洲與中國沙漠造林

非洲推動綠牆計畫（Green Wall initiative）：卡瑪拉住在塞內加爾、鄰近茅利塔尼亞邊境的小鎮博基達維，而他所耕種的農田是一項農業計畫的一部分，爲的是建立數百個如此的農田——塞內加爾語稱爲「Tolou Keur」——計畫的發起組織，希望這能提高糧食安全，減少地區荒漠化，並吸引成千上萬的社區工作者。這個構想代表一種新的、更具地方色彩的模式，來應對2007年發起的綠牆計畫。綠牆計畫旨在通過種植一條8,000公里長的線路，從塞內加爾一路延伸到吉布地，用以緩衝薩赫爾地區（Sahel）的沙漠化速度。根據聯合國估計，若要在規劃的2030年前完成這項工程，將會耗資430億美元。

內加爾的造林機構說，「Tolou Keur」在專案開始後的7個月裡，申請非常踴躍，現在已經有超過20個案件進行中。農田裡種植著能抵禦炎熱乾燥氣候的作物，包括木瓜、芒果、辣木和鼠尾草。圓形的種植設計，可以讓植物的根部向內生長、掌握水分和細菌，改善水分保持和堆肥。

中國推動綠色長城計畫：2020年聯合國糧農組織估計，全球森林面積自1990年以來持續減少，森林砍伐全世界大約4.2億公頃的土地，主要是在非洲和南美洲，過去10年全球森林年均淨損失面積最大的10個國家爲巴西、剛果民主共和國、印度尼西亞、安哥拉、坦桑尼亞、巴拉圭、緬甸、柬埔寨、玻利維亞和莫桑比克。而同一期間森林面積年均淨增加最多的10個國家分別是中國、澳大利亞、印度、智利、越南、土耳其、美國、法國、意大利和羅馬尼亞。

中國本身擁有世界第5位的森林面積，排在俄羅斯、巴西、加拿大和美國之後，這5個國家的森林總面積超過世界森林總面積的一半。但中國的森林覆蓋率只有20%左右，西部和北部地區，乾旱的氣候和人爲活動一直在加速荒漠化。2001年一則官方報導，中國的沙化土地每年擴展2,460平方公里，比上世紀50年代增加了60%。甚至首都北京都一度受到威脅——強風會在每年春天將沙漠中的沙塵帶到北京和其他中國北方城市，甚至遠至韓國和日本。

中國早於1978年開始，便已推行「綠色長城」計畫，在北部13個省內種植超過660億棵樹。據聯合國2020年的報告，中國過去10年是全球森林面積年均淨增加最多的國家之一，平均每年增加193.7萬公頃的森林，增長率爲0.93%。

中國重慶大學易志堅教授研究團隊，經過7年反覆試驗，研發出一種可以讓沙漠變成土壤的黏合劑。研究團隊發現土壤之間都存在著「萬向結合約束」，這種約束可以讓土壤從任意方向結合，但沙粒之間並沒有，所以才總是不穩定，而黏合劑就可以讓沙粒擁有這種約束，採用沙漠治理黏合劑，就可以讓治理沙漠的效率大幅度提升，不僅可以讓沙子變得不容易被風吹走，而且還能夠讓沙子保持住水分。將這項技術推廣，那麼地球環境將因此得到徹底的改善，農民爲了獲取新的田地，不用再過度砍伐森林與開發草原，只需要對沙漠進行改造，可以大幅度提升地球土地利用率，讓人類能夠種植更多的糧食。

塞內加爾語稱「Tolou Keur」計畫，於2007年發起的「綠牆計畫」，旨在通過種植一條8,000公里長的線路，從塞內加爾一路延伸到吉布地，用以緩衝薩赫爾地區的沙漠化速度。

中國北方飽受沙塵暴的困擾，沙漠化問題一直備受關注（圖／Getty）。

中國重慶大學易志堅教授研究團隊，研發出一種可以讓沙漠變成土壤的粘合劑。易教授的團隊發現，土壤之間都存在著「萬向結合約束」，這種約束可以讓土壤從任意方向結合，但沙粒之間並沒有，所以才總是不穩定，而黏合劑就可以讓沙粒擁有這種約束。沙漠膠水技術，不僅對荒漠化治理有重要作用，而且它可以將沙漠化的土地再度轉化為良田，極大地造福當地老百姓，如今中國在沙漠治理方面已經走在世界先列，除了大力治理國內的沙漠之外，也在幫助別國進行生態保護，對全球荒漠化治理都有著更深遠的意義（圖為烏蘭布和沙漠良田實驗基地）。

7-6 COP26通過甲烷承諾決議，企業興起沼氣發電綠金

　　全球暖化問題日益嚴重，據研究顯示，畜牧業與工業排放的廢水，是同時含有二氧化碳與甲烷2種溫室氣體的元凶。有鑑於此2021年聯合國氣候大會（COP26）通過**全球甲烷承諾**（Global Methane Pledge）決議，在美國與歐盟聯手倡議下，105個國家約占全球70%的GDP，簽署承諾未來10年要減少30%的甲烷排放量，以減緩暖化危機。但全球十大排放國中，中國、俄羅斯、印度與伊朗並未加入，而畜牧業及產煤大國澳洲也未加入則較為遺憾。

　　甲烷是一種短暫但強效的溫室氣體，是全球第二大溫室效應來源，總量僅次於二氧化碳，但短期的升溫效果卻很驚人。據IPCC AR6的報告，跟工業化之前相比，全球均溫已上升1.07℃的地表升溫，約有一半就是甲烷所造成。根據歐盟資料，如果全球能將甲烷排放量在2030年減少30%，就能讓2050年前的全球增溫幅度減少至少0.2℃。

　　為解決廢棄物對地球環境造成的傷害，各國已全面啟動收集工廠及畜牧業有機廢棄物行動，再加以轉換成**沼氣**（Biogas）發電，以大幅降低甲烷排放量，一股沼氣淘金熱正在全球發酵。對企業而言，這些豬、牛糞便與工廠廢水卻散發著濃濃的「綠金」味；因為經過厭氧發酵等程序後，這些有機廢棄物，都將變身為沼氣及**沼液與沼渣**（biogas manure），成為能發電或做成有機肥料的綠金。

　　沼氣是將有機廢棄物如廚餘或動物糞尿水等，經厭氧分解及發酵後所產生的能源；沼氣中甲烷占50～65%、二氧化碳占30～45%。沼氣為可燃氣體能進行發電與燃燒使用，沼氣再利用發電的效益為：減少溫室氣體的排放、產生綠電、節省能源支出。畜牧廢水系統進行厭氧發酵，除產生沼氣可再利用外，更可提升排放水質，使牧場永續經營，創造環保與永續雙贏。在美國加州政府罕見地針對牛糞所衍生出的天然氣，提出能源補助方法，並在當地掀起一股牛糞淘金熱。看上高額的補助金額，美國**潔淨能源燃料**（Clean Energy Fuels）還與歐洲能源巨擘英國石油（BP）及道達爾（Total Energies SE）攜手合作，共同砸下數億美元，把牛糞所產生的甲烷製成天然氣。比爾蓋茲所屬的非營利團體突破能源組織（Breakthrough Energy）於2021年9月21日宣布，已自全球鋼鐵業龍頭集團和通用汽車等7家大企業募集10億多美元，以供應潔淨能源發展之用。

　　據國際市場調查機構（Fortune Business Insights）預估，沼氣相關產業產值，將從2021年的256.0億美元，成長至2028年的370.2億美元，**年複合成長率**（Compound annual growth grade, CAGR）約5.4%，過去高舉環保大旗，並不足以成就美事，但這幾年，沼氣發電產值不斷增長，證實有利可圖，吸引廠商搶進。

　　據我國工研院評估，目前臺灣每天可生成利用的沼氣潛能約30萬立方公尺，以一個立方公尺的沼氣平均可產生3度電計算，約可提供9.4萬戶家庭使用，相當於一個離岸風場的電量。從硬體設備來看，除發電機引擎外，不少臺廠本身就具備生產沼氣及發電設備的技術能力，有利沼氣發電產業鏈的建構，讓臺灣工廠多一條生機，且對減緩全球暖化危機也可做出貢獻。

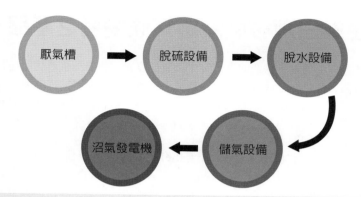

利用微生物在缺氧環境下將有機物分解轉化成沼氣，可去除88%以上之有機質與懸浮固體，為維持良好厭氧消化環境，需隔絕空氣形成缺氧環境，以利厭氧菌生長，畜牧業中常使用覆皮式厭氣發酵槽或水泥密封式厭氣槽。常見的沼氣發電機屬於內燃機引擎，燃燒在汽缸內進行，產生爆發力以推動活塞而產生機械能。活塞在汽缸內往復上下移動，帶動曲桿旋轉電磁鐵產生電能（圖／沼氣發電與再利用資訊網）。

全球沼氣市場規模預估

年複合成長率
(CAGR)5.4%

370.2億美元

256.1億美元

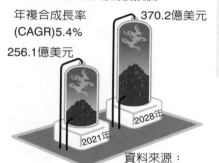

2028年

2021年

資料來源：
Fortune Businessinsights

國際市場調查機構預估，沼氣相關產業產值，將從2021年的256.1億美元，成長至2028年的370.2億美元，年複合成長率約5.4%；過去高舉著環保的大旗，並不足以成就美事，但這幾年，沼氣發電產值不斷增長，已被證實有利可圖，立即吸引廠商搶進。

永豐餘進軍沼氣發電，造紙廠變發電廠，汙水與異味一次解決，還能賣綠電，擠身亞洲頂尖沼氣發電之列，2019年10月24日新屋廠正式啓用全臺最大沼氣發電系統，2020年第3季全數完工，屆時年發電量3,200萬度，可供臺灣近1萬戶家庭用電。

7-7 企業日漸發展減緩氣候變遷之產品

人類排放過多的溫室氣體造成全球暖化與氣候變異，想要減少產品碳足跡、降低碳排放量，每個人可以從生活做起，例如多搭乘公眾運輸；並時常注意自己需求，不多買自己不需要的物品；記得查看產品的碳足跡標籤（Carbon Footprint Label），多選擇本地生產過程中不使用合成化學物質（如化肥、農藥）或基因改造生物產品，讓進口或長途運輸產生的碳足跡愈來愈少。

碳足跡標籤又稱**碳標籤**（Carbon Label）或**碳排放標籤**（Carbon Emission Label），是一種用以顯示公司、生產製程、產品（含服務）及個人碳排放量之標示，其涵義是指一個產品從原料取得，經過工廠製造、配送銷售、消費者使用到最後廢棄回收等生命週期各階段所產生的溫室氣體，經過換算成二氧化碳當量的總和。英國政府於2001年所成立的Carbon Trust，於2006年所推出之**碳減量標籤**（Carbon Reduction Label）是全球最早推出的碳標籤。

企業日漸重視氣候變遷之議題，並重視發展減緩氣候變遷之產品。因此，產品碳足跡已成為各國政府及企業達成溫室氣體減量目標的工具之一，也成為一種與民眾溝通的新媒介。從溫室氣體涵蓋範圍來看，溫室氣體盤查可分為三個範疇：1.國家或地區的能源燃燒排放統計。2.針對企業或組織自身與相關的溫室氣體排放。3.針對個別產品生命週期的溫室氣體排放；即所謂的「產品碳足跡」。香港中華廠商聯合會（CMA）檢定中心於2015年成立產品碳足跡標籤計畫，協助產品計算和審核不同環保項目的減碳量，然後發出相關認證及標籤。

選擇吃什麼食物，對碳足跡的影響很大。一般來說，植物性飲食比肉食的碳排低上許多，因為畜牧業是全球溫室氣體排放的重要來源之一，有23%的人類溫室氣體排放量來自農業和土地使用，尤其牛隻在反芻時會釋放大量甲烷（一種比二氧化碳更容易造成暖化的氣體），牛肉畜牧業為了闢地放牧，更在全球造成大規模毀林，是食物中的碳排放之王。而羊肉同樣因為羊反芻排放大量甲烷，碳足跡也很高。

相對於紅肉，豬肉、雞鴨，魚肉的碳足跡較小，但最能減少碳排的，是選擇蔬果、穀類及豆類堅果等植物性飲食。不過需要注意的是，巧克力與咖啡雖然也屬於植物性，卻因為種植時使用的肥料，以及部分涉及毀林的生產方式，碳足跡也可能異常地高。當季、當地的食物，不但新鮮，也少了遠程運輸或者長期冷凍保存的不必要能源使用，健康便宜碳足跡也最低。有機農作符合維護水土資源、生態環境及生物多樣性，促進農業友善環境及資源永續利用；生產過程中不使用合成化學物質（如化肥、農藥）、基因改造生物及產品，因此更適合食用。

大家都知道塑膠難以分解、對海洋與土地造成很大的負擔，從石油中生產的塑膠，碳足跡也超高。**據國際環境法中心**（Center for International Environmental Law, CIEL）報告，估計到2050年，從石油中生產以及焚燒塑膠所造成的碳排放量，可能高達27.5億噸，相當於615座燃煤發電廠的排放量。為了盡個人減碳責任，應在生活中養成減塑習慣，避免一次性包裝與塑膠製品的使用。

須標示「碳足跡」數字及計量單位。係產品生命週期所消耗物質及能源，換算為二氧化碳排放當量。

愛大自然的心，減碳「酷」地球，及落實綠色消費，與邁向低碳社會。

綠葉，代表健康、環保。

碳標字第1104802003號
B4.70g(257mm x364mm)每包５０ 0張
http://www.epa.gov.tw

臺灣碳足跡標章商標。商品上可能見到的碳足跡標籤，明示這個產品整個生命週期所產生的溫室氣體。過多的碳排放讓全球暖化、氣候變異，想要減少產品碳足跡、降低碳排放量，每個人可以從生活做起，例如多搭乘公眾運輸；並時常注意自己需求，不多買自己不需要的物品；記得查看產品的碳足跡標籤，多選擇本地或國產的當季食品，讓進口或長途運輸產生的碳足跡越來越少（圖片來源：環保署官網）。

面對如何因應全球暖化與氣候變遷，不少國家開始檢視生產紅肉所產生的碳排。十大對全球暖化有害的食物當中，牛肉和羊肉分別占一、二名，一公斤牛肉大約會生產25～26公斤的二氧化碳。現在各國政府開始研究要課徵肉類的「罪惡稅」，希望能減緩碳排放量。

吃的食物種類愈多愈好，英國營養基金會稱，健康的植物性飲食與降低心臟病、中風和2型糖尿病風險、降血壓、降膽固醇和保持健康體重有關聯，現在已經有大量科學研究也證實，植物性飲食對身體有諸多好處（圖／GETTY IMAGES）。

7-8 各國推動碳關稅制度以減少溫室氣體排放量

　　聯合國氣候峰會（COP26）加快應對氣候變遷的行動，以實現減少溫室氣體排放，與《巴黎協定》的目標相一致。為更積極達成減少碳排放目標排碳必須付費，將有助於政府和企業衡量減排的成本與效益。現階段最常見的排碳定價，包括：徵收碳稅和歐盟**碳排放交易系統**（Emission Trading Scheme, ETS），其他還有**碳邊境稅**或**碳關稅**（carbon border tax），其核心概念為「使用者付費」，由政府向產生碳排放量的企業課稅，稅額由政府決定。在歐盟碳定價被視為脫碳的關鍵策略，許多歐洲國家開始徵收大量的碳稅。碳交易項目包含每單位的二氧化碳與甲烷在內，共七種溫室氣體，換算為碳價，但完整進行七種溫室氣體交易的只有加拿大的新蘇格蘭省和魁北克省。紐西蘭交易之溫室氣體種類雖然高達6種，卻沒有進行農業碳排的ETS措施；臺灣目前被標示為「考慮ETS中」。

　　碳交易進一步導入市場機制，政府先根據國際公約承諾的減排目標，設定碳排放權的上限，再依規定分配給企業。當企業製造產品所產生的碳排放量，超過分配額度，就要向有剩餘配額的企業購買碳排放權，簡稱**碳權**（carbon credit），如特斯拉（Tesla）汽車在2021年靠碳權收入就賺進16億美元。目前實施ETS的26個國家或城市中，只有瑞士和歐盟的碳價高於每公噸40美元，一半的國家甚至碳價低於每公噸10美元。目前亞洲地區最發達的ETS在韓國，碳權價格已上漲到每公噸約30美元，高價碳排放權機制將推動電力部門的燃料從煤炭轉向其他能源。

　　碳關稅則是依循著特定地域有規定企業的碳權，例如歐盟的企業。這些公司會將購買碳權的成本，加諸於產品的定價，假如海外競爭者無須負擔碳權成本，就能以更低的價格將產品銷到歐盟，打擊當地致力減排的企業。為了避免發生此事，歐盟2021年公布碳邊境調整機制（Carbon Border Adjustment Mechanism, CBAM）計畫，針對電力、水泥、化肥、鋼鐵、鋁等高碳排放的產業進口商增加碳關稅，2023年元旦生效，2026年元旦正式實施。

　　當消費者愈來愈在意環境議題，政府開始制定法規、管制碳排放量，許多領導者開始思考組織如何在生產與製造的過程，達成減排、碳中和，甚至是**負碳排**（carbon negative），即公司清除的碳排量，超過排放量。微軟目標在2030年實現負碳排，並於2050年從大氣環境中消除其成立以來的碳排量總和。事實上，微軟碳稅政策已行之有年，適用對象也包含供應商。

　　面臨全球淨零浪潮，我國中小企業焦慮感快速攀升，在減碳進度上我國交易機制還未建制，很多企業不知去那裡買，買賣雙方無法配對，明顯有些落後；儘管政府訂定2050年淨零目標，但真正大限是在2030年，因為所有大客戶目標都訂在2030年以前零碳排。由8家資訊與通訊技術巨頭倡議成立的臺灣氣候聯盟，因此於2022年3月23日邀請減碳典範臺積電、臺達電及友達等3大產業龍頭，探討面對全球溫室氣體淨零浪潮下的企業因應之道與作為，並提出如何提升電子資通訊供應鏈韌性與綠色轉型。有鑑於國際碳排淨零趨勢，臺灣政府應積極建立碳排放交易系統交易機制平臺，並與國際連結共同分享綠色轉型策略及歷程。

各國碳稅比率（製圖／張寬渝；資料來源／Ministry of the Environment）

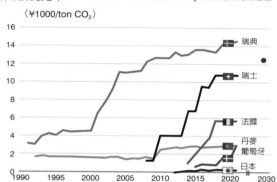

各國碳稅比率圖，據世界銀行統計，全球已有65個國家或區域的碳定價措施上路，範圍涵蓋達45國。實施ETS的26個國家或城市中，只有瑞士和歐盟的碳價高於每公噸40美元，一半的國家甚至碳價低於每公噸10美元；目前亞洲地區最發達的ETS在韓國，碳權價格已上漲到每公噸約30美元。

歐盟2023年「碳關稅」上路

項目	內容
定義	依生產過程的排碳高低，對進口產品中的碳密集型產品進行徵收的特別關稅
實施期程	6月公布稅率、2023年生效
影響產業	鋼鐵、水泥、石化、紡織等高耗能產品
國際間常用免除方法	①國家跟上國際減碳的各期程目標 ②多使用再生能源 ③企業積極節能減碳

製表：邱琮皓

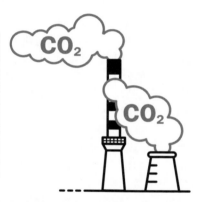

歐盟碳交易系統原理：企業製造產品所產生的碳排放量，超過分配額度，就要向有剩餘配額的企業購買碳排放權，如Tesla在2021年靠碳權收入就賺16億美元。

歐盟宣布2023年碳關稅生效，對進口產品中的碳密集產品進行徵收特別關稅，將影響鋼鐵、水泥、石化及紡織等高耗能產品。我國推動淨零政策，除對各產業部門要求減碳措施外，仍需提供各產業部門有效之經濟誘因。如輔導產業界藉由減碳措施，配合碳抵換或是碳交易，以獲取因減碳而獲得的額外收益。歐盟將在2026年開始針對高碳排產品徵收碳關稅，全球傳產製造業均嚴陣以待，為此臺塑集團新階段轉型計畫，要求各子公司朝向低碳、資源循環及綠能等方向發展。其中與經濟部合作的「二氧化碳捕獲再利用」2022年下半年將在仁武廠運轉，並自2025年起，停止供應一次性民生用品塑料。南亞推動廢棄物資源化，化纖製品已透過回收寶特瓶取代原生聚酯粒，碳排放量可少84%；2021年估使用回收寶特瓶113億支，每年可減少碳排放26.6萬噸，相當於683座大安森林公園吸碳量。

7-9 我國農林魚業預計2040年將減少溫室氣體排放50%

　　有機食物已成為國內外許多為健康與環保兼顧觀念的人所喜愛，並已逐漸成為風氣與時尚。全球因森林砍伐、工業化農業生產方式以及大量使用化肥農藥，使土壤流失原有50%以上的碳貯量，並以二氧化碳的形式釋回大氣中，因此改善林地與農地保護措施，減少本應儲存在土壤中的碳釋放至大氣中，乃為非常重要的課題。臺灣2021年同時面臨56年來乾旱與水災，上半年陷入百年大旱，中部限水202天，農業損失就超過80億元。氣候變遷衝擊農業部門最鉅，農損金額從2009年的291億元到2016年時已達383億元，增加逾30%。

　　科技部與各五大科館共同推動我愛地球活動，國內許多學校也積極推廣有機農業課程，業者近年也開始體會非友善農法使碳排加劇，將加速物種滅絕，威脅糧食安全，有機農法既可創造碳匯效果，將二氧化碳回歸大地，最近國內有志人士乃陸續成立如「因應全球暖化與氣候變遷之農業發展」等相關學會。

　　2021年總統蔡英文宣布2050年全國要達到淨零碳排，由於農業最受衝擊，且海平面上升，臺灣會失去土地的問題全球排前十名。我國農業每年碳排放量約500～600萬公噸，僅占全國2.6億多公噸的2%，又有林地、農地和海洋資源可資運用，因此農委會預計2040年農業可率先達成淨零排放，而行政院允諾100億元預算，農委會將特別著重用於研發，預計到2040年可減少溫室氣體排放50%。相關貢獻來自有機友善耕地約4.5萬公頃、農機電動化100%以及化學肥料50%改由有機肥料供應等。增碳匯目標由國、公及私有土地，新植造林約6.6萬公頃，老化竹林更新約8萬公頃，每年製成5,000公噸燃料棒，國產材自給率提升至10%，增加土壤有機質約79萬公頃，及強化具碳匯效益的海草床棲地管理1,080公頃等。循環農業則將建立1,000場農林漁畜低碳永續循環場域，500多萬公噸農業剩餘資材全部再能源化、資源化及材料化。

　　農委會2021年9月成立淨零排放專案辦公室，盤點國內目前農業可提供的碳權交易超過500萬公噸，以國際二氧化碳排放交易最保守行情一噸50美元計，每年可達2億5千萬美元，未來在碳權交易助攻下，可增加農民收益。另外農業發展要100%由綠能提供農業用電，建置農漁村公民電廠，提供全國40%以上的綠電，建立農業部門有效碳定價及碳權交易制度，農產品標示碳足跡，可促進消費者支持購買國產農產品，帶動糧食自給率超過40%。

　　要達成淨零碳排，一方面要減少使用化石燃料，降低碳排放，另一方面則需想辦法固碳，把氣體中的碳還原成固體，這需要借重植物的光合作用；因此改善林地與農地保護措施，減少本應儲存在土壤中的碳釋放至大氣中，乃為非常重要的課題。

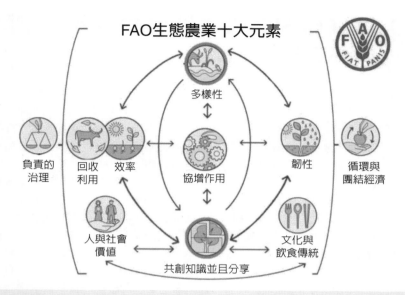

聯合國糧農組織（FAO）生態農業十大元素架構：高度多樣化的生態農業生產系統，如農林間作、林牧混作、農畜漁整合多作，對於生產、社會經濟、營養與環境具有諸多好處。農業生態系統選擇性地結合農場與農業地貌不同的組成分，使其作用更為增強。生態農業系統可加強生態的以及社會、經濟的韌性，遇到乾旱、淹水、颱風時較有能力復原，也較能抵擋病蟲害。生產者多樣化經營，萬一某種作物失收，損失可以降低。減少外部投入，可以增加生產的自主性，經濟上的風險較小。

全臺最大有機農場永齡農場以企業資源帶動地方經濟，創造人、產、地的生生不息，上圖為農場培訓員工習得農業相關技能，創生除了人才的投入，另一大關鍵則是產業的永續發展，為了達到「作物」的生生不息，永齡農場研發出一套「簡單農」科技農業管理系統，以突破農業產銷不平衡的困境（照片／永齡農場）。

7-10 澳洲研究藍碳固碳速度與效率是陸地森林的6～10倍

　　海洋中的**藍碳**（Blue Carbon）相較於大家所熟知陸上的「綠碳」，顯然「藍碳」較爲陌生，近幾年逐漸有學者投入研究，才揭開秘密。藍碳指身處藍色海洋周圍的海草、紅樹林、鹽草及大洋小型浮游微藻等生態系，具備碳吸存的功能。近年許多研究發現在海洋沿岸大量生長的海藻，也具備透過多種不同方式進行碳吸存的生態功能，海藻在藍碳的貢獻也日漸受重視。2019年澳洲學者發現這些植物每年每單位面積固碳速度與效率，是陸地森林的6～10倍。澳洲藍碳生態系統計劃將維護澳洲海岸公園，並將原住民保護區擴展到海洋國家，以保護海洋生物及海洋永續生態。

　　由於日本具有長距離的海岸線，總長約35,000公里，擴大藍碳範圍的潛力十足，日本已有相關行動陸續展開；其中橫濱市社團法人Satoumi Initiative即與漁夫合作養殖昆布做爲商品銷售，所得用於新的昆布養殖擴大藍碳生態系。企業與大學教授亦於2017年成立「藍碳研究會」。由於日本已承諾2050年前溫室氣體排放量削減80%的目標，經藍碳研究會試算，日本最多約有910萬噸的二氧化碳排放量將可望由藍碳來因應。

　　海洋其實是解決環境問題重要的一環，若要環境永續發展，以藍碳救藍碳是極具潛力的一條大道。在所有種類的藍碳生態系中，紅樹林是目前發展最迅速的「藍碳商品」，全球大約有20%的紅樹林地，以每噸碳排放量5美元價格進行碳權交易，就可得到完善的保護。目前已有許多官方或民間組織，於世界各地監測、發展紅樹林碳權交易制度。

　　位於肯亞東海岸的加齊村（Gazi）內擁有相當豐富的紅樹林資源，包含9種紅樹林種、超過180種魚類以及難以計數的鳥類。由於近年魚類資源逐漸減少，至少80%的加齊村民生計受到威脅，他們只能砍伐、販賣紅樹林木導致沿海生態環境遭到大幅破壞。爲了保護紅樹林地並改善沿海居民生活，肯亞海洋及漁業研究所與蘇格蘭慈善機構（Plan Vivo）基金會合作，發展「Mikoko Pamoja計畫」，出售碳額度予需要的企業後，將獲得的資金用於改善居民經濟，在社區內種植木麻黃林作爲替代木材、教導村民保護紅樹林及碳權交易之概念，以及於合適地點栽種、復育紅樹林。

　　臺灣濕地協會長期研究藍碳生態系，榮譽理事長林幸助解釋海洋植物本身抗鹽，不怕海水，是它們固碳能力比陸地植物更強的原因，且森林怕野火，不只讓森林受損，大火燃燒後釋放的二氧化碳，讓綠碳辛苦累積的成果功虧一簣，且藍碳與大氣有海水阻隔，也不容易再度被分解。臺灣本島約有紅樹林680公頃、鹽沼33公頃，面積最大的是高美濕地，最有潛力的是東沙群島，有高達5,400公頃的海草床。能行光合作用的藻類也可以視爲藍碳生態系，例如新竹香山沿海、東海岸鄰近海底峽谷等地的海藻生態系，可知臺灣北中南環島一周，都富有藍碳。

當我們提到能有效減少二氧化碳的生物時，一般人最先想到的都是指陸上綠色植物，但其實地球上的「固碳大將」為：紅樹林、沼澤濕地及海草地等生態系統，占地僅有陸地森林覆蓋面積的2～6%，但固碳的效率卻比一般綠植來得高。據估計，每公頃的紅樹林生態系能夠儲存1,030公噸的二氧化碳，一公頃的沼澤也能儲存高達920公噸的二氧化碳，固碳效果出乎意料（Vishwasa Navada K @ unsplash）。

Mikoko Pamoja為世界第一個紅樹林碳權交易計畫，每年幫助加齊村民賣出3,300公噸的二氧化碳排放權，獲取的資金不僅幫助當地居民改善生活，當地漁民也注意到，自從村民停止砍伐紅樹林，魚類的數量增加了，紅樹林外的森林地也因人為干擾減少，而變得更加欣欣向榮（Timothy K @ unsplash）。

日本石垣島上有許多大自然天然形成的觀光景點。宮良川、吹通川沿岸分布著廣闊的紅樹林。橫濱市社團法人與漁夫合作養殖昆布，一方面將昆布做為商品銷售，所得則應用於新的昆布養殖，以擴大藍碳生態系，企業與大學教授於2017年成立「藍碳研究會」。

參考文獻

第一章

1. 圖解大氣科學：張泉湧著，2015年五南出版社
2. NASA - Atmospheric Sciences at NASA Langley
3. What are the Van Allen radiation belts? - Space Center Houston
4. Thermosphere | SKY brary Aviation Safety Mesosphere
5. Stratopause - an overview
6. ScienceDirect Topics Atmospheric boundary layer - Glossary of Meteorology
7. Components of the Atmosphere Overview & Importance

第二章

1. 圖解大氣科學：張泉湧著，2015年五南出版社
2. Black Body Emission | Physics OpenLab
3. The eccentricity of the Earth —Astronomy
4. The obliquity of the Earth — Astronomy
5. Astronomy: precession of earth - Washington State University
6. Ozone Layer Depletion - Cause, Effects, And Solutions
7. The Montreal Protocol on Substances That Deplete the Ozone Layer
8. What is the International Satellite Cloud Climatology Project?
9. Reflective Pavements and Albedo
10. Longwave Radiation - Energy Balance - Climate Policy Watcher
11. Downward irradiance monochromatic - Aquatic Ecosystem
12. Atmospheric Radiation - an overview | ScienceDirect Topics
13. Radiative Equilibrium — The Climate Laboratory

第三章

1. 圖解大氣科學：張泉湧著，2015年五南出版社
2. Aerosol ScienceDirect
3. Atmospheric Trace Gases | Meteomatics
4. What is the greenhouse effect? Climate Change
5. Particulate Matter - Ministry of Health
6. Primary and Secondary Sources of Atmospheric Aerosol
7. Atmospheric fine particulate matter and breast cancer
8. Pyrocumulonimbus - Glossary of Meteorology
9. Acid Rain | U.S. Geological Survey
10. Pollutant Standard Index

11. Photochemical Smog - an overview | ScienceDirect Topics

12. Smog: Photochemical smog & Sulfurous smog - PMF IAS

13. ACID DEPOSITION – ESA

14. Chlorofluorocarbon - an overview | ScienceDirect Topics

15. The Montreal Protocol on Substances That Deplete the Ozone

16. What is the Jet Stream ? Met Office

第四章

1. The Climate System: an Overview – IPCC

2. Water cycle | National Oceanic and Atmospheric Administration

3. asthenosphere | geology | Britannica

4. How old is glacier ice? | U.S. Geological Survey

5. Glacial-Interglacial Cycle

6. Influence of underlying surface change caused by urban

7. Methods Of Climate Classification – UNESCO

8. Potential Evapotranspiration (PET) – Weather

9. Positive and negative feedback

10. Milutin Milankovitch – NASA

11. Axial Precession (Wobble) – Climate Change

12. Sunspots and Solar Flares | NASA Space Place – NASA Science

13. Plate Movement - Our Earth

14. Aerosols And Clouds – JPL science

15. Volcanic Explosivity Index

16. Causes, Effects and Solutions to Combat Desertification

17. El Niño & La Niña (El Niño-Southern Oscillation) | NOAA

18. What is thermohaline circulation (THC)? Climate change

19. Particulate Matter - an overview | ScienceDirect Topics

20. What is the greenhouse effect? – Climate Change: Vital Signs

21. The Katowice climate package: Making The Paris Agreement

22. Nationally Determined Contributions (NDCs) | UNFCCC

23. 'Glasgow Breakthroughs': 40 nations back plan to

24. We seek to understand the massive migration of Climate Migrants.

第五章

1. Petermann Glacier | NASA

2. Glacial Lake - an overview | ScienceDirect Topics

3. NOAA Ocean Explorer: Arctic Exploration: Background

4. Climate Change Indicators: Permafrost | US EPA

5. Soil Carbon - an overview | ScienceDirect Topics

6. maritime zone | InforMEA

7. What Are Marine Heatwaves? Overview, Effects, and Mitigation

8. The Leeuwin Current and its eddies: An introductory overview

9. Dome C, Antarctica

10. Extreme spring cold spells in North China during 1961–2014

第六章

1. Global Climate Risk Index 2021- Pata Cricis Resource Center

2. EM-Dat | International Disaster Database

3. savannah稀樹草原生物群系：氣候，地點和野生動物

4. 巴西潘塔納爾濕地(Pantanal)大火與毀林肉的關係

5. The Amazon Biome

6. Amazon Rainforest The World＇s Most Biodiverse Region

7. Power Shift Africa

8. Horn of Africa – Geography

9. Typhoon Morakot - NASA Earth Observatory

10. IPCC － Intergovernmental Panel on Climate Change

11. Compound, Cascading, or Complex Disasters

第七章

1. 【海洋永續】海洋也能自救？放眼藍碳市場 看見永續未來

2. 藍眼淚不流淚，守護地球的藍碳

3. Mainstreaming Blue Carbon to Finance Coastal Resilience

4. Why the Market for 'Blue Carbon' Credits May Be Poised to Take Off

5. How mangrove forests helped stall environmental crime

6. Glasgow Climate Pact

7. World leaders join UK's Glasgow Breakthroughs to speed up

8. Carbon Capture Storage (CCS)

9. Carbon sinks: How nature helps fight climate change

10. 永續發展投資；納入環境、社會及公司治理(ESG)因子

11. Climate Ambition Alliance

12. Race to Zero – Climate

13. What is the Great Green Wall?

14. Global Methane Pledge | Climate & Clean Air Coalition

15. Made from Manure: Biogas Energy Explained － Sustainable Revi

16. Clean Energy Fuels - How sustainability goals become reality

17. Breakthrough Energy | Helping the world get to net-zero

18. Compound Annual Growth Rate (CAGR) Definition
19. Carbon Labeling For a Climate-Smart Future
20. Carbon labelling: the focus shifts from calories to climate
21. EU Emissions Trading System (EU ETS)
22. The EU's Carbon Border Tax Will Redefine Global Value Chains
23. The EU's Carbon Border Tax Will Redefine Global Value Chains
24. Carbon Credit - Definition, Types and Trading of Carbon Credits
25. Carbon Border Adjustment Mechanism
26. Going carbon negative: What are the technology options?
27. Blue Carbon | IOC UNESCO

索引

中文部分

第六章

第七章

英文部分

國家圖書館出版品預行編目資料

圖解全球暖化之危機與轉機／張泉湧著. ーー
初版.ーー臺北市：五南圖書出版股份有限
公司, 2023.01
面；　公分
ISBN 978-626-343-584-1 (平裝)

1.CST: 全球氣候變遷　　2.CST: 地球暖化
3.CST: 大氣　　4.CST: 氣象學

328.8018　　　　　　　　　111019821

5U09

圖解全球暖化之危機與轉機

作　　　者 ― 張泉湧（200.6）

發 行 人 ― 楊榮川

總 經 理 ― 楊士清

總 編 輯 ― 楊秀麗

副總編輯 ― 王正華

責任編輯 ― 金明芬

封面設計 ― 姚孝慈

出 版 者 ― 五南圖書出版股份有限公司

地　　　址：106台北市大安區和平東路二段339號4樓

電　　　話：(02)2705-5066　　傳　　　真：(02)2706-6100

網　　　址：https://www.wunan.com.tw

電子郵件：wunan@wunan.com.tw

劃撥帳號：01068953

戶　　　名：五南圖書出版股份有限公司

法律顧問　林勝安律師事務所　林勝安律師

出版日期　2023年 1 月初版一刷

定　　　價　新臺幣250元

經典永恆・名著常在

五十週年的獻禮——經典名著文庫

五南，五十年了，半個世紀，人生旅程的一大半，走過來了。
思索著，邁向百年的未來歷程，能為知識界、文化學術界作些什麼？
在速食文化的生態下，有什麼值得讓人雋永品味的？

歷代經典・當今名著，經過時間的洗禮，千錘百鍊，流傳至今，光芒耀人；
不僅使我們能領悟前人的智慧，同時也增深加廣我們思考的深度與視野。
我們決心投入巨資，有計畫的系統梳選，成立「經典名著文庫」，
希望收入古今中外思想性的、充滿睿智與獨見的經典、名著。
這是一項理想性的、永續性的巨大出版工程。
不在意讀者的眾寡，只考慮它的學術價值，力求完整展現先哲思想的軌跡；
為知識界開啟一片智慧之窗，營造一座百花綻放的世界文明公園，
任君遨遊、取菁吸蜜、嘉惠學子！